乐活·当下

LOHAS
欲望的距离

冯小波 编著

山东大学出版社

图书在版编目(CIP)数据

欲望的距离/冯小波编著.—济南:山东大学出版社,2015.10
(乐活·当下)
ISBN 978-7-5607-5299-0

Ⅰ.①欲… Ⅱ.①冯… Ⅲ.①人生哲学—通俗读物
Ⅳ.①B821-49

中国版本图书馆CIP数据核字(2015)第142740号

责任策划:徐琳琳 郑琳琳
责任编辑:董付兰
封面设计:张 荔

出版发行:山东大学出版社
社 址 山东省济南市山大南路20号
邮 编 250100
电 话 市场部(0531)88364466
经 销:山东省新华书店
印 刷:济南华林彩印有限公司
规 格:700毫米×1000毫米 1/16
8.5印张 83千字
版 次:2015年10月第1版
印 次:2015年10月第1次印刷
定 价:24.00元

PREFACE

前言

有这样一群人，他们关心生病的地球，也担心自己生病，于是发起了一种新的生活运动。他们吃健康食品，穿天然材质的衣物，使用二手的家居用品；他们骑自行车或者步行，练瑜伽健身；他们注重个人成长，听心灵音乐……他们希望以此让自己变得心情愉悦，身体健康，光彩照人。

乐活，就是这样一种追崇身心健康、快乐、环保、可持续的时尚生活的理念与方式，由“LOHAS”音译而来。“LOHAS”是英语“Lifestyles of Health and Sustainability”的缩写，意为健康及自给自足的生活形态。无论是生活方式上的低碳环保，还是心灵深处的静心修炼，乐活都如同清新的空气，给我们当下快节奏、高强度、大压力的生活增添了更多盎然的生机和绿意。崇尚乐活、热爱生活的“乐活族”应运而生。

“当下”则是佛经里讲的最小时间单位。1 分钟有 60 秒，1 秒钟有 60 个刹那，1 刹那有 60 个当下。也就是说，1 秒钟就是 3600 个当下。把时间切到很小很小的单位，当下就是永恒。后来，“当下”这个佛教用语，就被广泛借用于民间了。

于丹说，我们在这个世界上承担重任时，不应像一个苦行僧那样去忍辱负重，而应该快乐地举重若轻。同样是重，为啥不轻盈地把它举起来呢？生命有诸多不如意，人能活着感觉到的就只有当下。我们要把握当下美好的日子，享受当下的每一个时刻；我们要扼住那些倒霉的日子，把它变得美妙起来。我们要果敢地去追求幸福，活着一日就要幸福一日。

乐活，就要在当下！

“乐活·当下”就是这样一套让你每日都乐活的智慧幸福书系，它让你在每一篇小故事中获得很大的幸福。降低自身的欲望，放慢生活的节奏，平缓自己的呼吸，减少浮躁的行动，逐渐体验当下的慢生活、简单生活、宁静生活与悠闲生活的价值与趣味。让笑容回归，让灿烂重现。

乐活在当下，恬淡是首先要做到的事情。然而喧嚣的世界，怎么能容许我们恬淡自在呢？除非我们真的有勇气拔掉插头，不看电视，不听音乐，不上网，不驾车，真正探寻自己内心需要的东西，不依赖于物质，不受诱惑，给欲望一个合适的距离，才不会随波逐流，被物欲扰乱本性，在世俗中迷失自己。非如此，无以恬淡。幸福生活并不是让我们躲进空门，远离尘世。空门不是幸福的终点，尘世亦非万丈深渊。

快乐幸福的生活有时候真的很简单，即不被物欲所累，生活淡泊质朴，心境平和宁静。幸福，人人触手可及，在任何时候都可以“光临”我们。只要我们能做到——恬淡为上，由纷繁复杂回归简单质朴，自在于自然的本相，懂得给欲望一个适当的距离。

乐活在当下，就是每一个人幸福生活的开始。

编者

2015 年 10 月

CONTENTS

目录

第一章

欲望与满足之间

◎ 聪明的刺猬
◎ 从容面对欲望
◎ 放弃欲望得广阔
◎ 只看我所有的
◎ 贪心越重，安全感越少
◎ 谁来拯救我们的欲望
◎ 二桃杀三士
◎ 人如池中鱼

几乎所有的人都在不停地为追求欲望的满足而奔忙。还有的人甚至觉得为自己谋取名利、财产、爱情等方面的东西，是人的一种基本权利，也是做人的最基本条件，更是鼓励人们追求美好生活的动力。这其实是混淆了“需要”和“欲望”两个概念，错误地将快乐建立在欲望的满足上面。贪欲的意思是：人家有的，渴望自己也有；已经有了的，还想要更多，所谓“人心不足蛇吞象”。取得基本的生活需要，不是贪欲；想要的超过所需要的，过分追求和占有，便叫作“贪欲”。

佛说：“贪欲是一切痛苦的来源。”

人们的贪欲，不但会给自己带来心理上的沉重负担，也会给他人造成一定的阻碍。人类的贪念，是生活里种种痛苦的来源。感官的满足不是最大的享受，欲望的得逞不是快乐的来源。为内心欲望的满足而不停追求的人，最终只会使自己的生活越发空虚。那些暂时的满足，就像是挂在天空的彩虹一样，虽美丽却虚幻，虽绚烂却易逝。

聪明的刺猬

在一个岔路口，有一条狗，它非常饥饿。让它十分为难的是，两个方向都有让它流口水的骨头，面对同样的诱惑，它不知道该如何取舍，于是一直在路口犹豫、徘徊。

是的，这只狗不想取舍，都想拥有，所以一直在两个骨头之间徘徊。

但很遗憾的是，就在它犹豫、徘徊的时候，这两根骨头，分别被另外两只狗发现了，这两只狗毫不犹豫地各自叼走了一根。站在岔路口的狗懊恼极了，悔恨自己为什么不早点作决定，那样至少还可以获得一根骨头。

本来至少可以拥有一根骨头的狗，因为贪念而产生犹豫，贪欲冲昏了它的头脑，使它变得自私。最终，它只能站在岔路口，看着另外两只狗大口咀嚼美味。

有需要便会产生欲望，这本无可厚非，但切不可贪得无厌。若要轻松生活，便要懂得放弃不可能的事情。欲望会带给人们很多的“岔路口”，容易使人在面对选择时摇摆不定。不要贪心地想要在各条路上都有所收获，认定自己真正想要的方向，才能够得到自己最想要的东西。缩短欲望，才能够得到更多。

相比之下，刺猬就聪明多了。

冬天到了，天气非常寒冷。有两只刺猬觉得非常困倦，于是就想拥在一起以抵御寒冷。大家都知道，刺猬的身上长满了刺，两只刺猬一旦挨近，就会刺伤对方。于是，两只刺猬不得不分开，但是天寒地冻，一分开它们又冷得受不了，接着，又会凑在一块儿……就这样几次折腾，它们终于找到了一个合适的距离，只要保持在这个距离，它们两个不但能够互相获得温暖，而且还能够不被彼此的刺伤到。

在非洲大草原上，生活着很多动物。白天的时候，在和煦的阳光之下，各种动物尽情地奔跑在广阔的大草原上，搜寻着自己的美食，演绎着自己的精彩生活。但是，尽管白天的草原这样热闹，生活在这里的弯角大羚羊却从不参与这种热闹，它们向来不在白天觅食。

弯角大羚羊的体型非常大，个头将近 2 米，就连头上弯曲成螺旋状的角，甚至都长达 1 米多。弯角大羚羊主要以青草和树叶为食，但是尽管草原上那些青草和树叶在白天的阳光照射下显得那么鲜美可口，这些大羚羊却还是会耐心地等到夜晚才开始进食。

它们为什么不在白天享受这些可口的美食呢？因为那里昼夜温差很大，很多草本植物在白天的时候只含有 1% 的水分，但是到了晚上它们的水分却会增加 20 倍。这些聪明的弯角大羚羊，忍受白天一时的饥渴，却是为了获得植物中更多的水分。也正因为这样，它们成为世界上最能够忍受干渴的动物，同样也拥有了更加持久的生命力。

从以上两则故事中，可以知道，跟欲望保持合适的距离，才能够活出更加完美的人生，让生命绚烂绽放！

世间的风景万千，倾尽一个人的一生也无法看尽这些美丽。只有给欲望一个距离，才能不被它扰乱本性，以致迷失自我。在这些距离之内，那些泥土的清新、花朵的芬芳、果实的香甜，才会溢满我们的生活。

从容面对欲望

据传有位叫大含的高僧，遇事不动声色，处之泰然。某晚，有一小偷潜进他的住处欲偷东西。小偷发现了正在房中阅经的大含，便把心一横，扮作穷凶极恶的强盗。他满脸横肉，手握尖刀，大声吆喝，显然是想威吓大含就范。谁料想，大含看到后却面不改色地问："你的目的是要钱呢，还是要我的命呢?"

出乎小偷的意料之外，他呆愣半晌，支支吾吾道："我……我当然是要钱，我……我要你的命做什么?"

大含听了小偷的回答之后，很镇定地站了起来，接着走到柜子前面，从柜子里边拿出来一个盒子，然后递给这个强盗："这个盒子里边放了我所有的积蓄，你拿去吧!"强盗诧异地接过盒子，而大含却已经坐下来继续看书了。

强盗抱着盒子准备离开的时候，大含却突然叫住了他："你等一下!"这一句话吓了小偷一跳，他以为大含反悔了，想要把钱要回去。但是，接下来大含却平静地对他说："今夜月黑风高，我担心一会儿还会有像你这样的'客人'前来拜访,麻烦你出去的时候帮我把门关上吧。"

听到不是要回盒子里的钱,这个小偷恭恭顺顺地答应了。等到走出大含的家,小偷不由得内心嘀咕:"我当小偷做强盗,坑蒙拐骗已经将近十年的时间了,还没见过像这个和尚一样的怪人呢。"

又过了一段时间,小偷在其他地方抢劫的时候被警察抓获了。在审判时,小偷向法官讲述了在高僧大含的住处抢劫的经过。为了确认案情,法官传讯了大含和尚。大含到了之后,法官问他:"这个强盗深夜闯到你家,抢走了你全部的财产,你为什么不报案呢?"

大含和尚笑着回答:"钱财本来就是身外之物,生不带来,死不带去。如果他需要的话,拿去就是了。再说,那些钱是我主动送给他的，他当晚并没有出手硬抢，我又何须报案呢？”

正所谓慷慨就义容易，从容赴难困难。一个人面临危急之时，最难的是从容不迫地应对，那是需要经过长期的修行才能练就的临危不乱的镇定功夫。另外，原本大含可以从容惩罚这个小偷的贪欲，可他却没有。因为惩罚也是一种欲望，只有从容面对自己的欲望，才能有更加从容的人生。

放弃欲望得广阔

在一座著名的大寺庙里，有一位远近闻名的高僧。这位高僧年事已高，预料到将要迎来自己的圆寂之日，于是开始考虑选接班人的问题。

一天，高僧将自己最得意的两个弟子智坚和智远带到了寺院后边的悬崖下边，悬崖之下有两条从上边垂下来的绳索，他将二人牢牢系在两条绳索上，并对他们说："我现在把你们绑在这里，你们两个谁能够凭借自己的力量和智慧从悬崖下边爬上去，谁就能成为寺庙的接班人。"

说完这番话，高僧独自离开了。被系在悬崖下的两个人，开始了攀爬。二人当中，智坚的身体比较弱，所以他总是屡爬屡摔。一段时间过后，他已经被山崖上坚硬的石头磨碰得鼻青脸肿了。但是为了接班人的位置，他依旧顽强地向上攀爬。他想象着悬崖顶上的主持之位，拼命地抓紧绳索。谁料想，当他爬到一半的时候，因为体力不支不幸摔落到山崖下，坚硬的山石使得他头破血流。

面对奄奄一息的徒弟，高僧不得不将绳索剪断，将智坚带回寺庙。

智远的身体一向很强壮，但尽管如此，经过几次努力的尝试，他还是没能够成功地爬上去。最后他只好顺着悬崖下边的小溪，穿过茂盛的树林，走过低洼的山谷，开始了一个人的云游。他一路上游历名山，拜访高师，一年过后才返回寺中。这一年中，寺中的高僧并没有宣布自己的接班人是谁，直到智远归来。高僧不但没有责备他不辞而别，更没有说他怯懦怕死，反而召集了众僧，宣布智远为自己的接班人。

这一宣告，让寺中上下一片哗然，大家对这一结果充满了疑问，于是纷纷前来询问原因。听了大家的疑问，高僧笑着解释说："当年虽然让他们两个去攀爬寺院后面的悬崖，但是那个悬崖极其陡峭，我深知单靠人力是没有办法爬上去的。"

"那您为什么还要让他们去爬呢？"有人更加疑惑地问道。

"悬崖之上虽无路可走，但是悬崖之下却有路可寻。但是，如果被名利诱惑，那么心中面对的就只能是前面的悬崖。人生当中遇到的牢笼，不是上天设置的，而是由自己的内心建造的。把自己禁锢在狭窄的名利的牢笼当中，总会受到它的反噬，轻者终日苦恼伤心，重者可能会粉身碎骨。"

众僧听后了然。

不久之后，高僧在一片安详当中圆寂了，智远接任了这座大寺庙的住持。从此，寺庙内的香火比以前更加鼎盛，寺中的僧众也增加了不少。

生活，需要我们抛开名利的诱惑，让自己的内心归于清净。内心的清净，才是无上的境界。但是，俗世的诱惑万千，很多人都抛舍不开，结果只能生活在自己编织的牢笼之中。其实，淡泊名利并没有想象中的那么困难，只要每天醒来的时候给自己减少一点欲念，就会拥有更为广阔的天空。

只看我所有的

有一场特殊的演讲会正在进行，这场演讲会可以说是一场与生命相遇的演讲会。

演讲会的主角是一个从小就患上了脑性麻痹的女孩子。因为这场病，女孩从小就失去了平衡感和最基本的讲话沟通能力。但是尽管如此，她却令人惊讶地获得了加州大学的艺术博士学位。

这场演讲会很安静，因为演讲者不能说话，人们根本听不到她的声音。偶尔也会有咿咿呀呀的声音，但人们根本听不懂她想讲的是什么。她边讲边不断地挥着自己的双手，不过因为没有平衡感，所以就连挥手都是极不规律的。

演讲会的高潮出现在这位女子用自己的手画出寰宇之力与美时，所有的观众都被震撼了。一个因为病痛，连自己的身体都不能自如控制的女子，却能够用自己心中的色彩，绘制最美丽的图画，告诉在场的所有人生活的美好与灿烂。

就在大家都沉浸在深深的感动当中的时候，一位小女孩在台下小声问道："从小不能像正常人一样说话、走路，难道你没有怨恨过吗？在这样的人生中，你是怎么看待自己的呢？"

虽然小女孩的声音很轻，但是因为会场很安静，所以还是能够清晰地听到。就是这么简短的几句话，却使整个会场更加安静了。很多人都觉得，这样的话真是太刺人了，不知道讲台上的那位女孩子，能不能经受得住。

所有的人都为女孩悬着一颗心，他们静静地等待着她的下一个动作，在这个特殊的会场上，没有人知道下一秒会发生什么。这时，台上的女孩却对大家笑了笑，接着用粉笔在黑板上用力写上："我怎么看待自己？"写完之后，她再次对台下的众人笑了笑，又转过身去继续写道：

我很可爱！

我有一双美丽的腿！

我的爸爸妈妈都很爱我！

我有上帝的陪伴！

我会画画写作！

我有一只很喜欢的猫！

……

看着女孩一笔一笔地在黑板上写着，所有的人都没有讲话。等女孩写完了，她回过头看了看大家，然后又在黑板上写下了她对这个问题的最终结论："我所看到的，是那些我所拥有的，而不是那些我没有的。"

此时，整个会场一扫之前的安静，响起了热烈的掌声。

我们不喜欢听从前人的教诲，所以我们会如此痛苦、如此气愤、如此烦恼，这些都是我们自找的。这些负面的东西，就像精神瘟疫一样流行，使我们变得找不到自己，时时刻刻想着自己没有的东西，心灵失去了方向，生活陷入了困境。有位哲人曾说："选择你所喜欢的，喜欢你所选择的。"不要被欲望侵蚀了心灵，最终迷失自己。

当你为了自己的私欲而过分执着的时候，就要问一问自己，是否离幸福越来越远？你的心在哪里？别总说自己太忙、太累，静下心来聆听你心中的声音，选你所爱，爱你所选。

你有一个幸福的家庭，有很爱你的爸爸、妈妈和爱人，而你的兄弟姐妹也与你相处和睦，你有许多朋友支持，有一份不错的工作，可以自由地说出自己的看法……

做人要有追求，但是追求不是欲求的借口。别总是想着你没有的，追求你并不需要的。放下那过分的执着，当你找到自己的心后就会发现，其实你真的没有理由抱怨什么！请不要盯着你没有的种种，而是悦纳你已经拥有的东西，如此你就会感到快乐。

贪心越重，安全感越少

有一个古老的故事：猴子掰玉米。

猴子下山掰到了一个玉米，它满心欢喜。但是，走了不久，它又看见路边的桃树上长满了又红又大的桃子。于是它就扔掉了玉米去摘桃子。回去的路上，它又看见了满地又大又圆的西瓜。就扔掉了桃子去摘西瓜。就在快到家的时候，它又看见了可爱的小兔子，又扔掉了西瓜去追小兔子，小兔子很快地跑掉了。天黑了，猴子发现自己手里什么也没有，最后只好空着手回家。

很多时候，我们就像那只猴子一样，不知道自己究竟需要什么，总是随波逐流，看到什么要什么。

在生活的旅途中，我们不停地奔跑；在人生的道路上，我们不停地追寻，就怕自己错过哪怕一丝的获得成功与满足的机会。大千世界的诱惑实在太多了：金钱、利禄、名誉、漂亮的衣服、名贵的首饰……我们得到了这个，又想要那个，最终只能像那只可怜的猴子一样，两手空空地离开。太多的欲望，使得我们丢失了希望和欢喜，最终得到沮丧和悲伤。

生活，正是这样一步一步地坠入虚妄。

很多人认为有钱能使鬼推磨，然后就拼命地挣钱，认为钱越多越好。事实上，钱非但不能解决问题，反而会制造更多的烦恼，所以要珍惜所拥有的一切。一旦了解事物真正的内涵，降低对财富的需求，便会自平凡与知足中得到心灵的平静。

还有人认为，物质财富能给自己带来享受和安全感。结果恰恰相反，贪心越重的人，越没有安全保障，因为新的欲望会很快产生，而且更加难以满足。拥有得越多，越需要种种安全措施，安全措施需要得越多,即表示安全感越少。贪心越多,恐惧也就越多。贪心,为自己带来的不是安乐,而是痛苦和不安。

大家都知道,新鲜的肉如果不储存在冰箱里,很容易腐坏。欲望如同需要保存在冰箱里的肉,而善行就是冰箱。正如冰箱可以保存肉的鲜美,善行也可以确保钱财的真正价值。如果随意地将钱财挥霍,只会腐蚀人心,使其犹如腐烂的肉一样恶臭难闻。

谁来拯救我们的欲望

以前，有一只蚂蚁一样大的老鼠，其他老鼠经常嘲笑它，甚至把它赶出洞穴。这只可怜的老鼠有一天却很幸运地在一户人家的厨房找到了一大桶大米，而桶底旁边那个小洞，刚好是它所能钻进去的。这可把它高兴坏了，它跳进这个大米桶里，每天都吃呀吃的。

日子一天天过去，桶里的大米越来越少，这只小老鼠也越长越大。刚开始的时候还可以让小老鼠自由出入的洞口突然变得小了起来，小老鼠每次都要很费劲才能进出。在一次出去呼吸新鲜空气的时候，小老鼠对自己发誓，再也不回那个米桶去了。但它又实在舍不得那么好吃的大米，还是很费劲地钻进了米桶，高兴地吃啊吃的。终于有一天，米桶里的老鼠发现任凭自己怎样努力都钻不出来了。

它开始挣扎，但所有的挣扎都宣告无效。这时，这只老鼠只有两条路：一条是等大米的主人发现它，把它活活打死；另一条是等自己把桶里的大米吃完后饿死在这里。

在这个社会中，有许多东西在诱惑我们——金钱、权力、地位……我们就像是面临大米诱惑的小老鼠，我们爱这些金钱、权力、地位。我们也和小老鼠一样，经不起诱惑，经常使自己深陷名利之中，直至不可自拔。

面对这种困境，只有少欲知足才能拯救我们。也只有我们的少欲知足，才能为我们营造安定的心境和安全的处境。

少欲不是什么都不要，而是拥有得多能知足，拥有得少也知足。知足不是懈怠懒惰，而是安于自己能得到的和所得到的，并且

常常能把富余分享给他人。这样的人才是世界上最富足的人。贪欲重的人,表面上可能拥有很多的财富,其实他们拥有的是痛苦的根源,而不是幸福的靠山。

二桃杀三士

在春秋时期的齐国，齐景公有三位勇士，他们分别是公孙无忌、田开疆、古冶子。这三个人，都有万人不敌之勇，也曾经为齐国立下许多功劳。但这三个勇士自恃功劳过人，非常傲慢狂妄，别说一般的大臣，就是国君也敢顶撞。尤其是田氏，势力越来越大，甚至威胁到了齐国国君的统治。

当时，齐国的丞相是晏婴，他看见这种局势，对这三位勇士非常担心。这三个人虽然勇武过人，但是并没有什么智慧的头脑，加上他们对国君忠诚度不够，万一受到敌人的利用和教唆，一定会给齐国带来祸患。于是，晏婴与齐景公商议，设计除掉这三个隐藏的祸患，以确保齐国的安定。

一天，鲁昭公前来齐国拜访，齐景公在宫殿里设宴招待。为了表示敬意，晏婴向鲁昭公献上了一大盘鲜美的桃子。宴会过后，盘子里的桃子还剩下两个。由于这些桃子是极其难得的贡品，于是齐景公决定将这剩下的两个桃子赏给在座的臣子，而且对群臣说，哪个功劳大,就把桃子赏给哪个。

其实众人不知道,这就是晏婴与齐景公策划好的一个计谋。

如果论功劳,在齐国,自然是三个勇士的功劳最大,但是桃子却只有两个,这该怎么赏赐呢?在座的三位勇士也都想得到桃子,

以证明自己在齐国的地位。于是，三个人开始摆自己的功劳，他们互不相让，都想给自己挣得这份荣誉。最终，三个人开始抢剩下的两个桃子，没有抢到手的那个人，觉得自己一向很光彩，竟然在外宾面前这样脸上无光，于是自杀身亡。吃了桃子的两位勇士，看到朋友因没有抢到桃子而自杀，内心越想越觉得对不起朋友，最终也双双自杀而亡。

这样的一个计策，让齐景公轻松地除掉了一直以来的心头大患。

“天下熙熙皆为利来，天下攘攘皆为利往。”其实，名与利只不过是身外之物，但是却很少有人能看得明白，以致最后落得一无所有。

人活一世，空手而来，空手而去，对于这些生不带来死不带去的东西，看得潇洒一点儿，又有什么关系？得失皆自然，去留皆无意，你对生活洒脱，生活才能对你大方。

人如池中鱼

以前有一个渔夫，他非常勤劳，总是希望能通过自己的努力，使家人过上幸福的生活。每次捕鱼的时候，他都会坐在鱼塘边抽会儿烟。他不知道自己等什么，或许是在等更多的鱼进入渔网。

这天，渔夫又和以前一样，来到鱼塘捕鱼。他先把渔网沉入水底，然后也像往常一样，一边吸烟一边等。抽完一根烟之后，渔夫先把两边的网绳收拢好，然后慢慢地提起网来。

随着渔夫的提拉，渔网也慢慢地越来越小。这个时候，渔网里的鱼们似乎受到了惊吓，一个个惊慌失措地又蹦又跳。尤其是那些靠近渔网边的鱼，跳得特别的厉害。

渔夫一边收紧手里的网，一边看着网里边不停跳着的鱼。鱼们好像是知道了自己即将到来的命运，使足了浑身的力气想要蹦出去，但是无论它们怎么努力，却始终不能够逃出渔网的束缚。

这些拼命在渔网里蹦跳的鱼，让渔夫想到了自己。如果自己是这个渔网里的鱼，那么面临被束缚的命运，又该怎么想呢？又该怎么做呢？

如果侥幸从鱼网中逃离出来，自然会说：“谢天谢地，终于逃出来了，否则，很快就成了餐桌上的食物，一条命就这样没有了。”

而如果自己是那条没有逃脱的鱼呢？也许会在网中哭泣，抱怨自己的命运不好，早早地就成了人们口中的食物，埋怨自己没有生在大海中，没有机会自由自在地享受生命。

渔夫就这样一直想着鱼的感受，出神到忘记了手里的渔网。可是他一点都不着急，因为他明白，鱼塘里的鱼迟早都是要全部捕完去卖掉的。

这个时候，他又在想，不知道鱼知不知道我的想法。如果它们知道，无论它们现在怎样挣扎，最后的结果还是一样，统统都要被捕上来，被卖掉，它们该多么绝望啊！如果它们知道了，还会这么蹦来蹦去吗？还会拼命想跳出网去吗？无论如何，等待它们的都是同样的命运。

渔夫就这样一直想一直想，最后想到，其实人又何尝不是和鱼一样笨呢？短暂的人生，为了争夺功名利禄而忙碌，耽误了许多本可以轻松生活的光阴，为了满足自己所谓的“雄心”，而在忙碌中丢失了自己，连鱼也不如，难道不可悲吗？

第二章

你想要多少钱

◎ 也许那三只也会进去的
◎ 捞鱼的哲学
◎ 10张百元大钞VS玩具车
◎ 钱财原来是重负
◎ 不断涨价的狗
◎ 小心咸死你

人们一直被名利欲望引诱，不断奔波，逐于万里，辛辛苦苦，到头来却是一场空。正如一句古诗云：“枕上片时春梦中，行尽江南数千里。”

生活原本可以很简单，我们需要的东西也很简单，无非就是想睡觉的时候有一张床，寒冷的时候有衣服可以穿，饿了的时候有东西可以吃，累了的时候有肩膀可以靠。

但是，为什么人类的欲望会无休止地膨胀？其实是内心的虚荣和贪念在作怪。想要，于是追求，得到之后想要更多，于是继续追求，就这样无休止地循环下去，最终陷入欲望的黑洞，而结果只能是死路一条。

“贪欲”二字，让人变得自私自利，丧失了头脑的智慧和心灵的慈悲，以致最终只剩下动物的本能，而失去了人性的善良和温暖。

也许那三只也会进去的

有一个孩子和爷爷在星期天的时候，相伴着去林子里捕野鸡。等爷爷教给了他最基本的技术之后，他们就躲在旁边的树林中悄悄地观察。

因为这个孩子洒下的玉米粒非常多，而且其中还夹杂了一些大麦和豆子，所以吸引了好多野鸡。只一会儿的工夫，就来了九只野鸡。

这个时候，爷爷悄悄地推了推孙子，两个人都特别高兴，认为今天一定能捉到很多野鸡。

孩子尤其兴奋，第一次学习捉野鸡，就能有这么好的成绩。

就在他们高兴的时候，其中的六只野鸡走进了他们布置好的筐子，这个时候，只要拉下绳子，六只野鸡就会束手被擒。爷爷推了孙子一下，然而孙子却示意他等等。爷爷不明白孙子在等什么。但是因为不能发出声音来，所以也就慢慢地等待着。其实，孩子这个时候在想："也许那三只也会进去的。"所以才慢慢地等着。

等了一会儿，那走进去的六只，有三只已经吃饱了，就走了出来。这个时候，那个孩子看起来有点着急，爷爷想，如果他现在拉绳子，还能捉到三只。

可是，这个孩子并没有拉绳子，还是在那里等着。这个时候，孩子已经放低了要求了，他对自己说："只要有一只再走进去，我就拉绳子。"

然而，不但没有野鸡再走进筐子里，反而又有两只走了出来。孩子显得有点慌乱了。爷爷暗示他，这个时候拉绳子的话，还能套住一只。但是这个孩子却好像对失去的好运气不甘心，心里想：总该有些要回去的吧！

终于，最后一只野鸡也走了出来。

这个孩子懊恼极了，因为他连一只野鸡也没有捉到。

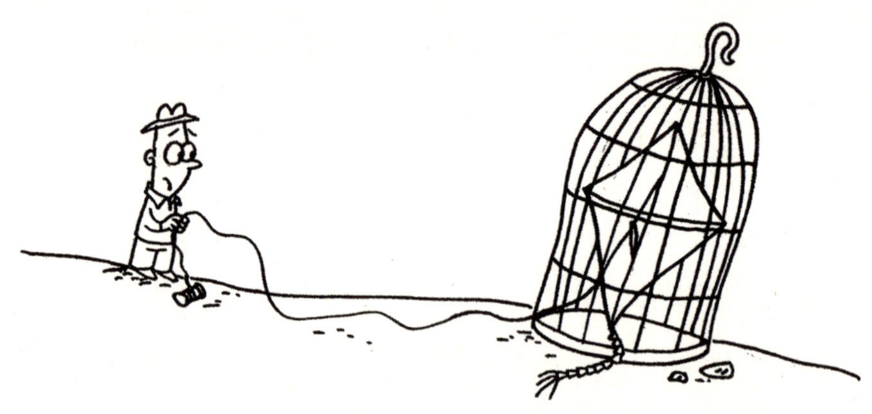

欲望有时候的确是人奋斗的一种力量源泉，人们总是在欲望的驱使下，不知困倦地行走，无法停止奋斗的步伐。如果只单纯用

这个来衡量的话,欲望就是一件对于人的追求和社会的进步都有好处的事情了。

但遗憾的是,人的欲望却往往是无底深渊,就像那个小孩子一样,有机会获得六只野鸡的时候,就希望自己能将全部的野鸡都捉到。一味地求大求全,几乎成了欲望的唯一特征。

人们做出的举动大多是放纵欲望,而不知道去控制,最后放纵的结果就是我们可能一无所获。“人心不足蛇吞象”也是这个道理。须知,追求不同于贪婪,进取有别于狂妄。也许一时的贪心,会带来不可估量的损失。

捞鱼的哲学

有一个年轻的小和尚，有一天下山去逛集市，看见一个捞鱼的摊子。摆摊的是一个上了年纪的老人，老人不断地向想捞鱼的过路人提供渔网，如果他们用渔网捞到鱼，那么这些鱼就归他们所有。

小和尚看着那些鲜活的生命，突然生起了慈悲之心，他心想："我一定要把这些鱼全部捞出来，这样就可以把它们全部放生了。"

于是，小和尚走上前去，接过老人递过来的渔网，蹲下去认真捞起鱼来。那些渔网很容易破损，他一连捞破了三张渔网，竟然连一条小鱼都没能捞出来。

小和尚抬头看看老人，发现他正眯着眼睛看着自己的狼狈样子，似乎在暗自嘲笑他。于是，他很不耐烦地说："施主，你做的这个渔网也太薄了，它们几乎一放到水里就破了。这样的渔网，怎么能捞起来鱼呢？"

摆摊的老人回答说："小师父，我也盯着你看了很久了。看你也算是个明白人，怎么这么简单的道理都不懂呢?”

“施主说的是何种道理呢?”小和尚不解地问。

“你一直想捞到很多的鱼，但是当你想捞到那么多鱼的时候，你考虑过你所拿渔网的承受力吗？有追求的目标不算坏事，但是你要了解自己所掌控的条件啊！”老人回答。

小和尚却表示不服气了：“施主，我还是觉得你这些渔网做得太薄，根本就不适合捞鱼。”

“小师父，看来你还没有学得捞鱼的哲理啊！捞鱼，就和世人所追求的事业、爱情和金钱是一样的。当一个人面对眼前的目标时，总是需要衡量一下自己的实力的，你衡量过自己的实力吗?”老人问小和尚。

小和尚放下手里已经破掉的渔网，似乎想明白了什么。

每个人都可以拥有远大的理想，但是这个理想需要基于自己的实力去定位。一旦超出自己的实际能力，理想便没有意义了。只有合理地定位，才能更好地达到目标。

10 张百元大钞 VS 玩具车

有一个小区进行了一场赛跑比赛，一对一的赛跑，而且是成年男人和一群不到 10 岁的小孩子比赛。冠军可以获得一辆很好的玩具赛车。

按照常理，好像这场比赛的结果很明显，肯定是大人们获胜，小孩子们一定输。

结果却恰恰相反。

赢的是那群不到 10 岁的孩子。

为什么呢？

刚开始赛跑的时候，大人们遥遥领先，可是到了半路，大人们就总是能发现在不远的草丛里有 1 张不知道谁掉的百元大钞，于是大人们就理所当然地去捡。本来捡了钱也一定可以赢孩子，但要命的是，百元大钞不是 1 张，而是 10 张，而且每张都丢在不同的地方，相同的只是离终点越来越远。

孩子们虽然也看见钞票了,却根本没人去捡,只一门心思跑向终点。

当代社会,好多人都会在竞争中为自己的对手设下“百元大钞”的诱惑,以达到自己得胜的目的。

你是否也遇到过这样的情况?睁大你的眼睛,识别一下是“馅饼”还是“陷阱”,再作出你的决定,不要因为金钱的诱惑就掉入陷阱,输掉了比赛。

钱财原来是重负

一对以拾荒为生的夫妻，每天天还未大亮就出门到处捡拾，直到太阳落山才返回家中。

不管白天有多么劳累，这对夫妻每天晚上都会烧一盆热水，然后把热水端到院子当中。夫妻二人共同坐在院子当中，把疲累的双脚一起放到热水里。当疲惫缓解之后，丈夫就会拿起弦子，拉起优美的旋律，而妻子就会伴随着这个旋律开始唱歌。每一个晴朗的夜晚，他们都会这样看着美丽的夜空，吹着温柔而凉爽的风，即便生活贫穷，夫妻两个也总觉得日子过得逍遥自在。

这对贫穷夫妻的对面，是一座豪华的大宅子，这所大宅子里住着一位地主。这个地主家财万贯，但是每天仍是打着精细的算盘。看着那些没有收回来的租子，那些没有还回来的欠款，他就觉得非常烦闷。每当他听见对面的弦声和歌声的时候，他就会非常羡慕。那对拾荒的夫妻没有钱，却过得如此快乐，而自己钱财满仓，却终日里忧心忡忡。

一次，地主把自己的想法告诉了自己的管家，管家听后说："老爷，你想看到他们忧愁吗？"

地主回答："一无所有的他们，都可以那么快乐地生活，我想他们不会忧愁的。"

但管家却说："如果你给我一串钱，让我把钱送到他们家，明天你就不会听到他们拉弦唱歌了。"

地主很奇怪地问："他们一无所有都可以快乐地生活，有了钱就应该更加快乐，你怎么能说他们连唱歌都不会了呢？"

可管家却说："你尽管给就是了。"

半信半疑的地主真的把钱交给管家，管家于是把钱送到穷夫妻的手里。穷夫妻拿到钱后，丈夫总是担心钱会丢了：把它放在家

里吧，他们的门不能关严；藏在墙里吧，用手一扒钱就会露出来；如果放在枕头下，又怕丢了……丈夫一个晚上都在为这串钱烦着，一会儿躺下，一会儿起来，反复地折腾，就是睡不着。看着坐立不安的丈夫，妻子生气地问："你现在已经有钱了，又烦什么啊？"

丈夫回答说："我们突然有了这么多钱，放在家里怕丢了，我现在满脑子都想着要怎么处理它。"

妻子听后回答："那就用它做生意吧。"

第二天一大早，丈夫就带着钱出门，但看来看去，总找不到合适的生意。做小生意不甘心，大的生意钱不够，太阳都落山了，他也没找到一个好生意。

于是他丧气地走回家对妻子说："一串钱说多不多，说少不少，小生意没法做，大生意做不了，真烦啊。"那天晚上，得到钱的夫妻俩没有跑到院子里泡脚，更没有兴致拉弦和唱歌。

晚上，地主真的听不到歌声了，于是好奇地去问贫穷的夫妻怎么了。

那对夫妻回答说："好心的老爷，我们还是把钱还给你好了，我们每天去捡破烂都比有了这些钱轻松。"地主恍然大悟，原来钱财也是人生的一种重负啊！

当金钱成为一种负担，它就会成为快乐的杀手、幸福的埋葬者。

不断涨价的狗

以前有个乞丐，满脑子都是奇思妙想，他总是在说，如果自己也有本钱的话，就一定也可以是一个富翁。他路过寺庙的时候，也会虔诚地拜拜佛，祈求他的愿望能成真。但他不是努力去赚取自己所需要的本钱，而是希望天上能掉下馅饼。

也不知道为什么，他的运气好得不得了。有一天，他在饱餐一顿后，居然碰到了一条狗。这条狗太可爱了，他抱着小狗，欢喜不已。但是这个乞丐并不知道，这条狗非常非常名贵。他只是觉得它很可爱，而自己恰巧也很孤独，所以就将这条狗带回了自己寄居的桥洞。

其实，这条狗是本城一个很有名的富翁的宠物狗，由于这条狗非常通人性，所以很得富翁的喜爱。突然间，可爱的狗不见了，富翁非常伤心。于是，他就在电视上发了一则寻狗启事，让电视台24小时循环播放。

第二天，这则不停播放的寻狗启事被这个乞丐看见了。他一看这个富翁居然悬赏 2 万块钱重金找狗，特别高兴。他觉得自己的运气来了，就赶紧回去牵狗，打算领了 2 万块钱，然后实现自己的梦想。

谁知道，等他牵着狗出来的时候，已经有了很大的变化。原来富翁看到过了一天还没有人来送狗，以为是悬赏的金额不够，所以就将酬金升到 3 万了。

乞丐看到这个变化之后，想了想就牵着狗又回到桥洞下。

第三天，酬金果然又涨了，第四天又涨了，直到第七天，酬金涨到了让市民都感到惊讶时，乞丐这才跑回桥洞去抱狗。可想不到的是，那只可爱的小狗已被饿死了。

乞丐还是乞丐。

其实人生在世，好多美好的东西并不是我们无缘得到，而是我们的期望太高，往往在刚要接近一个目标时，又会突然转向另一个更高的目标。

一位禅者曾说过这样一句话：“人的欲望是座火山，如不控制，就会害人伤己。”

小心咸死你

以前有一家人很穷，经过几年的积攒，终于有了一点钱，妈妈用这些钱买了两条咸鱼，但她并没有做给家人吃，而是把它们挂在屋子里房梁上，告诉大家吃饭的时候看一眼就可以了，这样以后就永远都有咸鱼吃了。

从这之后，每当他们吃饭的时候，饭桌上都没有菜，所有人都吃口饭抬头看一眼咸鱼，就当吃了一口鱼。有一次，他们的小儿子吃口饭后实在咽不下去，忍不住多看了咸鱼两眼，这时他的父亲怒骂道：“小畜生，也不怕咸死你！”

这虽然是个笑话，但却那么真实地映射着我们的内心。

我们每个人心中是不是都有一条“咸鱼”挂在那里？有的人的“咸鱼”是权，有的人的“咸鱼”是利，有的人的“咸鱼”是名。总而言之，所有的人每天都在看着自己心里的“咸鱼”，但如果有一天，你真的把那条“咸鱼”拿了下来，会不会被咸死呢？

常言说：“天下熙熙皆为利来，天下攘攘皆为利往。”我们处在一个眼花缭乱的世界，那里有金钱、美女、名誉、地位，有吹捧……然后我们就像着了魔一样，尽心地追求着它们。

但社会的诱惑太多了，外界的干扰太大了。于是，很多人不择手段地得到任何自己想要的东西，而这个不择手段的后果，就是让自己迷失在物质的井里再也出不来。

人生是什么？我们为什么活着？要怎样度过人生，又怎么去认识人生、认识物质？我们应该做什么、怎么做，才能让我们更加

幸福？作为万物灵长的人类，为什么有些人活着却生不如死？为什么有些人穷得只剩下钱了？人生不是一道数学题，它综合所有社会学科，让物质与心灵、外貌与内在等复杂的观念平衡到一个身体里。

第三章

纵欲，便须忍痛

◎ 甘甜的毒药
◎ 贪婪的猴子
◎ 别碰那个仇恨袋
◎ 多收的米粒放在哪儿
◎ 不要羡慕别人的幸福
◎ 被欲望绑架的人

佛说：

诸欲求时苦，得之多怖畏，

失时怀热恼，一切无乐时。

生活中充满诱惑，人们常常会忘记，其实自己的那些需求，只不过是内心的饥渴。于是，心躁难持，不停贪取，享受越多，越想得到更多。长此以往，心灵永远不能得到平静和安定，这就是人类烦恼的缘由。

甘甜的毒药

有一个旅人，路经一口井，他感到非常口渴，迫切需要向井的主人求一碗水喝。井的主人说："只要你喜欢，你可以随便喝这里的水，但是我必须告诉你，这些水看起来很纯净，但是喝完之后一定会生病，甚至丧命。"

那个旅人听了之后，并没有理会井的主人的话，继续苦苦哀求："你就让我喝吧，无论后果有多么可怕，我都愿意承担。"

他不听劝告，因为想要喝水的欲念太强烈了。这口井的主人看到这样的情形，只能无话可说地任他喝水。而得到主人的许可之后，这个人毫不克制地大口喝水，因为他发现这井水太好喝了，并不像主人所说的那样，有不可测的危险。

但是，等喝完之后，他突然感到痛苦难当，最后死状惨不忍睹。

渴求感官享受的人，和这个旅人的境况几乎是相同的，受困于感官，沉溺于声色、情欲无法自拔，直到生命的终点，因为这些都太令人着迷了。

要捉到一条躲在白蚁窝里的蜥蜴，首先要知道出口在哪里，假如有六个出口，必须堵住其中的五个，然后看紧最后那一个出口。当蜥蜴跑出来的时候，才可以轻易地捉到。

我们的意识包括我们的视觉、听觉、嗅觉、味觉、触觉和心智，而这六种感觉，就如同六个出口。

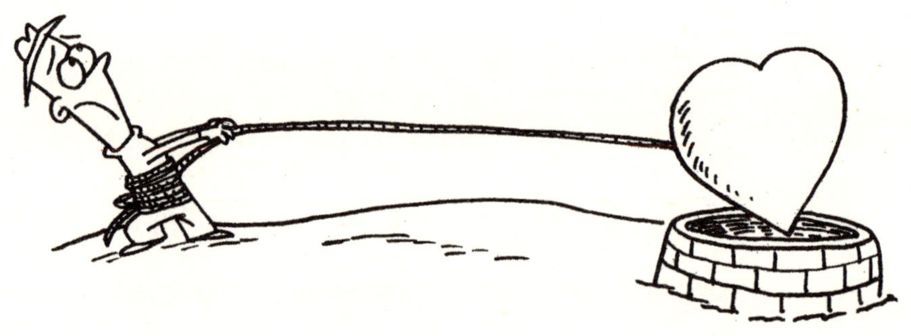

就像捉蜥蜴一样，平息烦恼，必须先堵住五个感官的出口，然后专注于自己的心。

贪婪的猴子

假如你去过阿尔及尔地区，在那里的长拜尔你可以看到一种猴子，这种猴子特别喜欢偷吃农民的大米。每次它们偷吃的时候，总是使大米严重浪费，给当地人带来了不小的损失。刚开始，人们拿这些猴子没有办法，慢慢地他们发现了这些猴子的一个特性，利用这一特性，农民发明了一种简单而有效的捕捉猴子的办法。

首先，农民会找一些像葫芦一样的细颈的瓶子，然后把它们固定在大树上，最后在瓶子里面放上猴子最喜欢的大米。接下来，他们就静静地等着。

到了晚上无人的时候，猴子会偷偷来到树下。看到瓶子里的大米，它们十分高兴，于是就欢快地把爪子伸进瓶子里抓取大米。接着，瓶子就开始发挥作用了，这些瓶子的细颈，只能容猴子的爪子刚刚好伸进去，但是等它们抓起里边的大米时，爪子就再怎么用力也拔不出来了。这些猴子是贪婪的，它们绝对不会放下已经抓进手里的大米，但是瓶子是固定在树上的，它们又不能将瓶子带走。于是,只好握着手里的大米,死死地守在瓶子的旁边。等到第二天天亮,那些农民就能轻而易举地将这些猴子抓住。

人类是由猴子进化而来的,当然不会像猴子那么愚蠢。但如果把瓶子里的大米换成地位、金钱、名誉,恐怕上当的就是人,而不是那些愚蠢的猴子了。相比较猴子而言,人类的欲望要多得多。

西方有句这样的话:“上帝赋予我们的东西是一定的,若是得到过多本不属于自己的东西,那上帝会用我们的灵魂偿还。”

欲望不是单一的,而是多种并存的。这些欲望不会在一起等着你来追求，而是散布在你生命的路途中，让你为它们不断地奔波忙碌。散布的欲望，并不会让你全部满足，当你去追求一些欲望的满足时，必然会远离另一些欲望。

欲望的满足并不能给我们带来快乐，不论是追求的时候、得到的时候，还是失去的时候，都是苦恼。

适当的欲望促使人进步，但若追求过多不属于自己的东西，上天一定会让你用更多的东西偿还。

别碰那个仇恨袋

海格力斯是希腊神话中最伟大的英雄，他长得健壮，并且力大无比。

有一天，海格力斯闲来无事在山路上散步。走着走着，无意中发现一个奇怪的口袋，这只口袋就躺在路的中间，随随便便地系了个绳子。海格力斯很好奇，于是用脚轻轻地踢了一下，这么一踢，袋子瞬间就膨胀起来，他吓了一大跳。

受到惊吓的海格力斯很生气，下决心要把这个袋子踩破。于是，他伸出脚，狠狠地踩那个袋子。但是，谁知道他越踩袋子膨胀得越大。最后，那个原本小小的袋子，竟然膨胀到把整条路都堵死了。

海格力斯更加生气了，面对着巨大的袋子，他的内心愤怒无比。当他还在想办法把袋子弄破的时候，从旁边的山路上走过来一位圣人。圣人对海格力斯说："我的朋友，我劝你快不要动那个袋子了。"

“为什么不能动它？它已经挡住了我的去路，我一定要把它弄破！”海格力斯不服气地说。

圣人劝导说：“你有所不知，这只袋子叫作仇恨袋。它有一个神奇的特点，那就是如果你不把它当回事，不去碰它、招惹它，它就会保持原样，小小的不惹眼。但是，如果你太在意它，心里怨恨它，甚至去踢打它，它就会像这样无休止地膨胀下去。最后，挡住你前行的道路。”

听了圣人的话，海格力斯停止了动作，不再去踢打那只袋子。

果然，它越变越小，最后恢复了原样。

仇恨有一股强大的力量，如果你失去对它的控制，它将给你的人生带来灾难。

激烈的社会竞争、巨大的职场压力、情感的盘根错节、得失的大小失衡，诸多因素给人们带来了大量的负面影响。面对这些影响，我们总想上去踢打几下，以缓解内心的情绪，但是却会让它们更加疯狂地膨胀。最终的结果就是，前进的道路被它们堵死，而我们却不得不承受这巨大的伤害和损失。

生活的转轴推着我们前行，未来的路上还有很多的“仇恨”在路边等候，我们一定要学会不去踢打那些仇恨袋，学会从它们身边绕过去。只有这样，才能不给自己制造障碍，才能大踏步地前行。

多收的米粒放在哪儿

唐朝监察御史李畲掌管朝廷百官的考察任命，可谓手握重权，但鉴于朝廷的法度，大家都不敢公然地行贿。可是有一次，他在领取俸米的时候却发现了问题。

不知道是不是官仓小吏粗心，他的俸米多了十五斗，于是他就问这是什么原因。

小吏解释说："这是当官的安排的，我们历来都是只能多不能少的，这次您就收下，我们下次注意。"

李畲没在意地说："记住，下不为例。"

可是事情并没有停止。

他收到的俸米一月比一月多，李畲觉得只是米而已，不是钱财，应该无关紧要。

他的母亲知道后却说："畲儿啊，那些给我们多送来的米，我是一粒也咽不下去啊。你要知道，人的贪欲都是慢慢养起来的。人心不足蛇吞象，现在能贪这些米，以后就能贪金银钱财啊！"

李畲听后顿悟，忙让家里人把多余的米都送了回去。

这是一个瞬息万变的大千世界，这是一个物欲横流的社会，越来越多的人受到形形色色的诱惑。而那些经受不住诱惑、意志薄弱的人，就会对诱惑丧失警惕，不自觉地沉迷于奢侈的生活。

不被物欲所诱的人没有负担，于是也不会与人结怨，而这样的人生往往是最轻松、最自然、最快乐的。

现在大多数人的生活就是这样：年轻的时候拼命想考进名牌大学，毕业后总希望找到一份好的工作，然后就希望自己的生活越来越好，钱越来越多。接着就开始结婚生子，然后盼着孩子快点儿长大，以减轻经济负担。但孩子真的长大了，你也退休了，快老得走不动了。

大家在一起的时候，说得最多的话就是“明年我要赚更多的钱”“我一定要换更大的房子”“我要换更好的工作”等。但他们真的赚到了钱，住上了好房子，甚至也升职了，却开始变得不快乐，因为他们的目标依然是“我要再多赚点儿”“职位再高点儿”“生活再好点儿”。于是，他们就这样在没有止境的贪求中度过一生。

不要羡慕别人的幸福

从前，有两只老虎。这两只老虎，一只住在人类焊制的笼子里，一只生活在广阔的野地里。

那只笼子里的老虎，每天都有专门的人给它送餐，所以三餐无忧。那只野地里的老虎，却能够不受笼子的限制，可以自由自在地生活。

野地里的老虎闲来无事的时候会来找这只笼子里的老虎，它们经常在一起进行亲密的交谈。

每一次谈话的时候，笼子里的老虎都会羡慕外边的老虎的自由自在，而生活在野地里的老虎却说自己欣羡笼子里的老虎的安逸、悠闲。

一天，两只老虎聊着聊着又说起了这件事情，于是，那只在笼子里的老虎提议说："要不这样吧，咱们两个换一换，你进笼子里来，我去野地里生活。"另一只老虎听了，愉快地同意了。

笼子外边的老虎帮笼子里的老虎走了出来，融入了广阔的大自然，自己钻进了笼子里。

终于不用再局限于一方小笼子里，走出笼子的老虎既兴奋又高兴，在旷野里愉快地奔跑。进到笼子里的那只老虎也觉得快乐非常，它终于不用再自己拼命去猎杀食物，可以放松自己而不为食物发愁了。

故事的最终结果，不是两只老虎都过上了自己羡慕的生活，而是两只老虎都走向了死亡。

一只是饥饿而死，另一只是忧郁而死。

从笼子里走出来的那只老虎，虽然在广阔的大自然里获得了自己曾经想要的自由，但是长时间的笼子生活，已经使它丧失了捕捉猎物的本领，最终只能饿死。走进笼子里的那只老虎，虽然不用再为猎物发愁，可以享受安逸，但是却失去了广阔的空间，最终郁郁而亡。

就像人们常说的“熟悉的地方没有风景”一样，人们往往对属于自己的触手可得的幸福熟视无睹，总觉得别人的幸福更加灿烂和耀眼。于是，他们就想丢弃自己的幸福，去寻求别人的那种幸福。只是，他们忘了，别人的幸福不一定适合自己，那也许是对自己快乐的一个终结。

一个快乐、幸福的人，就算一无所有也可以让自己过得快乐、幸福，然后把它们带给别人。我们不可以鼠目寸光，不能光看得见眼前的利益。你总在抱怨自己不幸福的时候，就会真的变得不幸福，这似乎是一个自己对自己的魔咒，就看你怎么念。

生活既艰难又复杂，世事难料，今天家财万贯，也许明天就一贫如洗。而我们要知道，生活的目的不是物质，不是结果，而是你享受生命的过程。当你体验越多、经历越多的时候，你的知识、学问、技能就越多，而你就越聪明、智慧，于是你的生活也会变得更好，而心灵也会变得更加强大。

被欲望绑架的人

有这样一个护士，她每天的工作就是整理产科那些准妈妈的资料，尽管工作清闲，但是工资不高。于是她想：如果能干医生的工作，那该多好，不但受人尊敬，而且还可以收到红包！于是，在工作之余，她就努力学习，为当医生而准备。

有一天，大家都下班了，这个小护士又在办公室温习专业课，突然一个贼眉鼠眼的小伙子推开了办公室的门，这个护士不高兴地请他出去，谁知道这个人却一点也没有走的意思，而是对这个护士介绍起自己来。原来，这个人想从护士这里得到那些准妈妈的档案。

这个护士也知道，病人的这些资料都是需要保密的，都属于隐私的范围，不可以轻易地透漏给他人。但是，那个人说："如果你给我提供资料的话，我将每份给你 10 元钱作为报酬。"

本来就嫌自己工资低的护士，有点动摇了。如果真的这样的话，以后收入就可以多很多，甚至多过医生呢。她在心里想：其实他们要资料，也无非是要推销一些东西而已。如果那些准妈妈们恰恰也需要呢？自己还不是做了一件好事？就算她们不要，也不过是一通电话，应该不会有什么影响吧？想到这里，护士对那个人说："我可以给你提供她们的资料，但每份需要30元。"

那个人见这个护士不但没有拒绝，反而主动谈起价钱，就一点也没有犹豫地答应了。当天，这个护士就将10个准妈妈的档案卖给了这个人。在这些档案当中，有一个还是这位护士的好朋友。才过了几天，她的好朋友就开始向她诉苦，说自己天天被很多电话打扰，就连两年后孩子上幼儿园的事情都有人询问，太过分了。其他什么乳品公司、孕妇学校等更是烦不胜烦。

这个护士听完好朋友的诉苦，才知道自己提供的信息的用途不是原先想得那么简单，而是可以销售更多的产品，于是又将价格涨到50元。那个人还是没有犹豫就答应了。

这件事让这个护士的收入多了起来，她对工作也格外认真起来。由于她表现很好，领导准备答应她以前的要求，决定把她调到手术室做助理，没想到她竟然拒绝了。护士的拒绝让领导认为她是谦虚好学，同事们对她的印象也好上加好。她对自己的状态很满意，既能拿到很多的钱，又能获得大家的称赞。

然而，事情并不总是这样一帆风顺的。

有一天，这个护士刚刚走出医院，就被一些人给绑架了。

她害怕极了，想到自己平时并没有做什么出格的事情，也没有做什么得罪别人的事情，怎么会被绑架呢？最后才知道，其中有一个孕妇是一个人的情人，他因为自己的老婆不能生孩子，所以在外面找了一个女人。然而不知道怎么就被别人知道了，那个人竟然提出20万元的勒索，不然就把他包情人和情人怀孕的事告诉他老婆。男人不知是哪个环节出了岔子，细细一想，也只在医院建档时留下了一些资料。男人自此认定，问题就出在这里面，于是找人把这个护士“请”上门来。

护士特别害怕，不知道该怎样办，那个男人也知道这个护士应该不是勒索的人，就说：“我知道这件事不会是你干的，但你要告诉我，你把信息卖给谁了，只要情况属实，我不会为难你的。你只要告诉我，接下来的事情我自己会去摆平。但是，你若是今后再来招惹我，我一定不会再像今天这么客气！”

这个护士就一五一十地说了。

此后的几天里，小护士一直提心吊胆，总是害怕又被谁找上门来。最后，她决定再也不做这种事情了。过了几天，又有一个人推开了护士的门，并且开口就将价格加到100元，护士犹豫了很久，最终还是拒绝不了诱惑，又开始和别人合作。

其实结局很明显，这个护士一直被欲望牵引，最后必定会走上毁灭的道路。

欲望刚刚得到满足的时候，好多人都很欢喜。然而，当初始欲望实现之后，又会出现不够满足的空虚，就像那个护士不断涨价一样。她的心一直被诱惑，但当遭遇到危险的时候，她又害怕和感到忧虑。尽管如此，当再次面对诱惑的时候，她还是不自觉地被牵引。

其实，欲望满足之后面临的就是空虚和痛苦，然后衍生出新的欲望，再被新的需要满足的欲望牵引，最后就堕入了“诱惑——满足——诱惑……”的恶性循环。要知道，那些需要用满足来填充的快乐，都是一种假象。

释尊曾说：“天上人间的喜乐比不上欲求消失的欢愉。”

第四章

让欲望熄火

◎ 让唾液自干
◎ 抬头向前，没有过不去的坎
◎ 真正应该珍惜的是你的态度
◎ 顺其自然就好
◎ 圣诞夜的歌声

一个人，能够做到少欲知足，就能够使自己的生活平安无事、快乐自得。当然，这里所说的少欲，并不是说不去追求任何东西，就算是方外之人，也还是有所需求的，更何况是我们？生活之中，当求的需求，当做的即做，但要控制自己的欲望，要懂得乐善布施，这才是重点。

正所谓：轻躁难持，唯欲是从；制意为善，自调则宁。

当心不能抵挡外界的诱惑时，我们该当如何？《遗教经》云："制心一处，无事不办。"如果我们能够把自己的心安定在某一个点上，那么就会生出智慧之花，一切想做的事情，也就能够达成。

如果心受到外界的诱惑而不断地变动，人格也必然会随着不稳定，那么你所追求的事业也肯定不会通畅。

想做个成功的人或者是活得平和的人，就不要因为欲望的饥渴而轻举妄动，即使环境很乱，心还是应该活在安宁之中。

让唾液自干

有一位脾气很暴躁的年轻人，平时不但容易发怒，还经常和别人打架。

一天，这位年轻人外出游玩，无意之中走到了大德寺。很凑巧的是，一休禅师正在寺内说法。年轻人很好奇，在旁边听了很久。听完一休禅师讲的佛法之后，年轻人决定痛改前非，就上前对一休禅师说："禅师，我以前常跟别人打架斗嘴，我决定以后再也不这样了，免得人见人厌。今后，就算是受人唾面，我也不会发火，我会忍耐地擦去，默默地去承受。"

一休禅师听了年轻人的话，说："你又何必擦拭呢？就让那些唾液自己干掉吧！"

"这怎么可能呢？我已经忍住不发火了，怎么还能够忍住不去擦拭呢？"年轻人惊讶地问。

"年轻人，这有什么不可忍受的？你就把那些唾液当成是停留在你脸上的蚊虫，本来就不值得你去打骂它。你承受了那些唾液，并不是什么人生的大侮辱，就微笑着接受吧！”一休禅师劝导说。

年轻人接着又问：“禅师，如果对方不是向我吐唾液，而是直接用拳头打过来呢？我又该怎么办呢？”

“没什么区别，你一样不要太在意。那只不过是一拳而已，没什么大不了的。”一休禅师淡然地说。

听了一休禅师的这些话，年轻人觉得太没有道理。大师怎么能让他这么忍受？于是忽然就握紧拳头，向着一休禅师的头上打了一拳。打完了之后，他问道：“禅师，你说现在怎么办啊？”

没想到，一休禅师却关切地问：“年轻人，我的头很硬，就像石头一样，没有什么感觉。倒是你的手，大概打得痛了吧？”

一休禅师的询问,让这位年轻人一时哑口无言。

世上的事情,总是说起来容易,做起来很难。我们说不发脾气,不沉迷于诱惑,但是当真的面对的时候,却又不能很好地把持自己。禅者曰:“说时似悟,对境生迷。”说的就是这种情况。

抬头向前,没有过不去的坎

一位老和尚带着自己的小徒弟外出云游,他们走过许多地方,也进过许多寺庙,看到过纷繁的人间百态。

一次,他们在穿越山林的时候,迷失在了一个幽深的峡谷里。疲累的小和尚一直希望可以遇见一个樵夫或是路人,能够指引他们走出峡谷。但是,三天四夜过去了,他们仍旧在这个峡谷里徘徊。

眼看食物快要吃完了,小和尚开始绝望了,他对老和尚说:“师父,我太恨自己了,竟然没有本事让我们走出这个幽深的大峡谷。”

“不要怨恨,这只不过是我们在修行的道路上遇到的一个困难而已。”老和尚安慰自己的徒弟。

“师父,我害怕困难。如果这个世界上没有困难,只有成功,那该多么美好啊!”小和尚接着感叹。

“怎么会呢？世上怎么可能不存在困难而只有成功呢？如果没有困难，哪里还会有成功呢？”老和尚问，“成功就好比这四周的高山，困难就如同我们身处的峡谷，如果没有峡谷，哪里来的高山呢？”

小和尚继续叹息说：“可是师父啊，这身处困境的滋味实在是太难受了，咱们已经在这里徘徊了三天四夜了，我现在甚至想坐在这里等死了。”

老和尚听徒弟这么一说，问道：“你知道自己为什么这么悲观吗？”

“为什么？”小和尚不解。

“是因为你一直都是低着头在走路啊！”老和尚感慨。

小和尚赶忙抬起自己的头：“师父，难道抬起头走路就不会绝望了吗？”

“当你抬起头的时候，你看到了什么？”老和尚问。

小和尚看了看前面，毫不犹豫地说：“当然是高山啊，这里除了高山就是高山！”

“这就对了，每当我身处困境的时候，我都会这样抬着头，向着成功走去！”老和尚说。

成功，就是我们抬头看见的那些高山；困难，就是我们迷失于其中的峡谷。遇到困难并不可怕，抬起头，不绝望，就会向着成功的方向迈进。

真正应该珍惜的是你的态度

一场突如其来的大火，使著名的亚历山大图书馆几乎化为灰烬。大火扑灭以后，人们在图书馆的废墟上，发现了一本残存的书。人们翻阅之后，发现这本书并没有什么学术价值，但是，作为亚历山大图书馆唯一留下的书，政府决定将它公开拍卖掉。由于所有的人都知道这本书没有任何的学术价值，所以没有人愿意出钱买它。最终，这本书以 3 个铜币的价格被一个贫穷的学生购买了。

其实，这本书不但没有学术价值，就连里边的那些文字，读起来也是枯燥无味。但是，这名贫穷的学生并没有其他的书可读，于是仍然经常把这本书拿出来翻阅一番。翻读的次数多了，这本书破损了。一次，学生把书拿出来再次阅读的时候，从书脊里边掉出来一张小小的纸条。他捡起纸条看了看，上边写着一个关于试金石的秘密：所谓的试金石，就是一种能把其他金属都变成金子的小型鹅卵石，这种鹅卵石看起来和普通的鹅卵石并没有什么区别，它们都躺在沙滩上，没有什么特别的。但是，普通的鹅卵石摸起来是冷冷的，而试金石却是温暖的。

看到这个秘密，这个穷学生激动极了。他放下手中的书，急急忙忙地跑到最近的大海边，去寻找纸条上说的那种鹅卵石。沙滩上到处都是鹅卵石，这个学生信心满满地仔细挑选着，但是，不管哪一块鹅卵石，摸起来都是冰凉冰凉的。连续几天，他都跑到沙滩上寻找试金石，但是每一次都没有收获，他渐渐有点儿焦急了，于是愤懑地把捡来的那些冰凉冰凉的鹅卵石投向大海。虽然有些失望，但是他并不准备放弃，就这样日复一日、年复一年，穷学生总会到沙滩上捡拾鹅卵石。他仍旧会把那些冰冷的鹅卵石扔进海水里，而且力气越练越大，鹅卵石越扔越远。

不知道过了多少年,这个穷学生终于捡到了一块摸起来很温暖的鹅卵石。但是,这么多年,他已经养成了捡到鹅卵石就随手扔进大海的习惯。当他意识到自己捡到的是试金石的时候,他已经把它抛入了大海当中。为了找到这块得而复失的试金石,他懊恼地潜到海底搜寻,一连许多天,他都没有能使自己再失而复得。

这样一来,穷学生终于对得到试金石的事情失望了,他一无所有地回到了都城。他到达这里的时候,城里正好在举办建国百年的伟大庆典。为了烘托节日的气氛,国王决定在都城摆设擂台,以此来寻找国家当中力气最大的人。被评为冠军的那个,可以被封为伯爵,同时还能得到极为丰厚的赏赐。

穷学生听到这个消息,觉得自己的机会来了。这么多年在海边扔鹅卵石的经历,已经磨炼出了他的力气。但是,他不敢贸然去参加比赛,于是便随着众人前去查看一下情况。他站在擂台下看了很久,觉得那些人的力气跟自己差得很远,终于决定上台比试。结果,他打败了众多的参赛者,成了全国的冠军,被国王封为伯爵,也得到了国王的赏赐。

穷学生终于不再穷了,变成了既有名又有钱的伯爵。为了感谢那本给他带来今日生活的书,他决定将它好好地重新装订一下,并永远地保存起来。就在他拆开书脊的时候,却发现里边还有一张小纸条。这个人打开小纸条,只见上边写着:“在这个世界上,原本就不存在试金石。所谓的试金石,就是你对人生的态度。当你总是抱怨上天不给你机会的时候,或许机会真的到了你的手边,你也把握不住。”

顺其自然就好

从前,有一个人,虽然年纪不大,但却已经是很有修为的一个居士。

一天,这位居士前往一所禅院,拜访一位很有名气的禅师。二人见面之后,聊起了佛经禅理,谈得非常投机。不知不觉之间,已经到了吃午饭的时间,禅师便让居士一同前去用餐。

厨房的师父为他们做了两碗素面,面条不但看起来让人有食欲,而且闻起来味道很香,唯一的不足就是,两碗面条一碗大,一碗小。居士和禅师坐定之后,禅师看了一眼桌子上放的面条,便将那一碗大的推到了居士的面前,并且说:“这一碗大的,给你吃。”

按照常理,不管是出于客气还是出于礼貌,居士都应该谦让一下,将那一大碗面再推到禅师的面前,以表示自己对禅师的敬意。但是,出乎意料的是,居士看也不看禅师一眼,接过那一大碗面,就毫不客气地低头吃了起来。

禅师看到这一情况，不由得紧锁自己的双眉，内心非常不高兴。而居士却吃得津津有味，丝毫没有察觉到禅师此时的心情。

过了一会儿，居士吃完了自己的面。他放下手里的筷子，抬起头看见禅师碗里的面丝毫未动，于是便好奇地问："禅师怎么不吃呢？"

禅师没有回答，只是轻轻叹了一口气。

居士笑着问道："禅师是不是觉得我不懂礼貌，只顾自己大口吃面，因而生我的气了？"

禅师依旧没有回答，又轻轻地叹了一口气。

居士又笑着问:“禅师是在怪我没有推辞那碗面吗?那么请问,我们推来推去的目的是什么呢?”

“当然是让对方吃那碗大的面。”禅师终于开口回答。

“师父说得对,我们的最终目的无非是让对方吃那碗大的。如果真的像您想的那样,我们互相推来推去,那么什么时候我们才能开始吃面呢?你推过来那碗面,我把它吃了下去,你却心中不高兴,难道您一开始谦让的目的,不是真心让我吃那碗面吗?对于一碗面来讲,你吃也是吃,我吃也是吃,互相推让又有何意义呢?”居士继续问。

听完居士的一番话,禅师顿悟。

去留无意,得失不惊,顺其自然就好。外在的形式,不需要过多地去在意,这样才能够得到内心的安宁与惬意。放下形式的束缚,灵魂才能得到舒适与安逸。只有这样,幸福的生活才会将我们包围。

圣诞夜的歌声

亚当是一个出色的裁缝，他每天都十分认真而辛勤地工作，但是却一直没能过上幸福的生活。因为他自从结婚之后，几乎每年都会有一个小生命到来。

当亚当的第 9 个孩子出生以后，他的妻子生了一场大病，尽管亚当倾尽所有去医治自己的妻子，但她最后还是撇下他和这些孩子撒手人寰了。可怜的亚当，只能一个人承担起抚养这些孩子的责任。为了养活这些年幼的孩子，亚当不得不更加拼命地去赚钱。

每当感到劳累难当的时候，亚当总会祈求："万能的上帝啊，请您祝福我吧！"

的确，整整 9 个孩子，尚且这么年幼，实在是不好照料。不过，值得庆幸的是，他们一直以来都很健康，而且每个人都漂漂亮亮、乖巧懂事。亚当心想，只要孩子们健康成长，不管自己吃多大的苦，他都要给他们赚回更多的面包。

又一年过去了，圣诞节到了，亚当很晚才回家。因为客人们订制的衣服，他都会做好了亲自送过去。虽然辛苦一点，但是总能得到点小钱。

回家的路上，他看见街边橱窗里那些漂亮的玩具，想是不是给自己的孩子买点什么礼物。但是9个孩子，自己却买不起9份礼物。如果只买一份，又该怎么分配呢？最后，亚当终于想到了一个能让所有孩子都快乐的礼物。

回到家，亚当召集孩子们说："孩子们，今天是圣诞节。爸爸今晚不干活了，咱们在一起好好庆祝一下。"

孩子们听了，一个个欢呼起来，一时间家里充满了欢快的气氛。

"安静一下，孩子们。今天我教大家唱一首歌，这首好听的歌，是爸爸送给你们的圣诞礼物。"亚当对孩子们说。

孩子们拥到亚当面前，等待着父亲教他们唱歌。亚当把两个最小的孩子抱在怀里，然后开始唱歌。

大一点儿的孩子很聪明，没过多久就掌握了曲调。而那些年幼的孩子，虽然总是出错，但是最后也学会了这首歌。在这样一个值得庆祝的夜晚，9个孩子的歌声，美妙而动听。

在亚当家的楼上，住着一位富有的老爷。这位老爷的家里有9个房间，但是9个房间却只住了他一个人。第一个房间是茶室，第二个房间是卧室，第三个房间是餐厅，第四个房间是书房——其他的房间，不知道他用来做什么用处。

这样一个热闹的夜晚，这位老爷一个人坐在房间里，拿着白天的报纸，希望找到一点可以供他消遣的新闻。就在这个时候，楼下传来了歌声。虽然听得不是很清晰，但是一直萦绕在他的耳边。

一开始的时候，这位富有的老爷并不在意，但是持续响着的歌声让他无法忍受，于是他下楼，找到了亚当。

亚当听到敲门声，看到站在门外的富有老爷，恭敬地问："您是来订制衣服的吗？"

"我不是来做衣服的。"老爷看了看屋里的孩子，"原来你的孩子这么多！"

亚当憨厚地笑了："是啊，一共有 9 个呢。人多，吃饭的时候嘴也多。"

"唱歌的时候嘴也很多。裁缝，我跟你商量一件事。你把孩子送给我一个，我把他当成自己的儿子抚养，将来他会继承我的财富,就可以照顾自己的这些兄弟姐妹了。"

亚当听了很惊讶,自己的儿子可以摆脱贫穷,成为一个富有的老爷,这是多么令人兴奋的事啊! 亚当心里暗想,这种事情是好事,一定不能拒绝。于是,他点头答应了。

"你可以帮我选一个,我现在就带着他离开。"富有的老爷说。

亚当走到孩子们面前,一个一个地细细打量:大儿子学习很棒,不能送人。老爷不要女儿,那么 4 个女孩可以排除。道尔可以照顾弟弟妹妹们,也不能送人。妻子生前很宠爱帕里卡,也不能把他送人。其他的太小了,这位老爷一定不能好好照顾他们。

亚当反复看了好几遍,都不能决定把谁送走。这些孩子,都是他的宝贝啊。但是他又不想孩子们跟他一直受苦。于是说:"孩子们,谁想跟这位富有的老爷走? 跟了他,你们就可以过上富裕的生活了,还有漂亮的马车坐。如果谁想去,就过来吧!"

亚当宣布完,想到一个孩子即将离开,忍不住流下了眼泪。虽然跟随富有的老爷的生活很有诱惑力,但是孩子们却都躲在了父亲的身边,牵住他的手和衣服,没有一个走向富有的老爷。

亚当看了,转身对那位老爷说:"我不能把任何一个孩子给您,您可以拿走我的一切,但是这些孩子可不行。他们是上帝赐予我的最好的礼物。"

富人无可奈何,只好让亚当不再带着孩子们唱歌,并且给了他 1000 个钱币作为补偿。这些钱对亚当来说就是巨资,他捧着这些钱,将它们小心翼翼地放在了箱子里,然后上了锁。接着,亚当和孩子们都沉默地坐在屋子里,因为他们答应了富人不再唱歌。

不知过了多久，亚当实在觉得无聊，于是就拿起衣服准备缝制。这个时候，他的一个小家伙走过来，想让亚当再教一遍那首歌，亚当却高声警告他不准再唱了。

接着，亚当开始工作。不知道什么时候，当他意识到的时候，自己却在唱着那首歌。他心里郁闷极了，慢慢地开始生起气来。最终，他打开箱子，拿出富人之前给的钱，毫不犹豫地上楼还给了他："这钱还是请您收回去吧，我们要唱歌，歌曲带给我们的幸福，远比这些钱有价值。"

很快，亚当回到了家中。他亲吻了自己的孩子，然后一起唱起了那首纯净优美的歌。这歌声，带给了他世界上所有的快乐。

而楼上的那位有钱人，却不明白为什么金钱没有带来快乐。

人生中，给我们带来苦恼的，不一定是贫穷，也可能是财富。对金钱看淡一些，才能得到最纯洁的快乐。

第五章

无欲则刚，是为禅

◎ 会挑水还要懂得挖井
◎ 给不满情绪挖个洞
◎ 幸福在身边
◎ 快乐和痛苦都不是永恒的
◎ 百发百中的秘密

在物欲横流的当下,能以宁静的心灵无忧地生活,无疑是一种奢望。“采菊东篱下,悠然见南山。”此时此刻,周围的宁静包围着我们的身躯,浸润着我们的心灵;在大自然中,我们的肉体和灵魂结合在一起。

一旦我们学会品味宁静,心理的创伤就会得到疗救。这不是一个信仰的问题,而是一个实践的问题,让我们的身心回归当下,去感受一切清新和生机勃勃的美妙事物。

当早上初升的太阳开始照射大地的时候,生命将会展开它那美妙的真实,我们的心灵将充满着清明和喜悦,生命中的每一分钟、每一秒钟都可以舒畅惬意,每一天的心情都变得更美丽、更安详、更健康。

因为宁静,生命变得更美好。用宽容、理解的心来看待身边的每一个人、每一个生命,欣赏生活中的美吧!

会挑水还要懂得挖井

从前，山里边住着两个和尚，这两个和尚是邻居。所谓邻居，就是他们居住的寺庙，建在两座相邻的山上。在这两座山之间，有一条溪水，每一天，这两个和尚都会在同一个时间到达溪边挑水。时间久了，再加上山中也没有其他的人，两个和尚便成为好朋友。

每天挑水的时候，两个和尚都会打个招呼，有时候只是简单地对彼此笑一下，有时候会坐下来聊聊天。不知不觉，这样的日子已经过了五个春秋。在这五年的时间里，他们每天都能见到对方，从来没有间断。突然有一天，东边山上的和尚下山挑水，没有见到西边的和尚，于是他想："也许他今天睡过头了吧。"于是挑着水就离开了，并不以为意。

第二天下山挑水的时候，西边山上的和尚仍然没有来。到了第三天，依然不见人影。就这样，一个星期过去了，东边山上的和尚都没有见到西边山上的和尚下山挑水。一个月过去了，东边山上的和尚终于坐不下去了，他想："我的那位邻居一定是生病了，这么长时间都没有来挑水，也不知道有水喝没有，肯定情况很不好。我一定要过去看一看，去帮帮他的忙。”

说走就走，东边山上的和尚出了寺庙，向西边的那座山走过去。等到他急匆匆地赶到西边山上的寺庙时，却看到自己的那位朋友正在院子中悠闲地打着太极，怎么看都不像是一个缺水喝的人。

他走上前去，好奇地问："我这一个月都没有看见你下山挑水，难道你已经修行到不用喝水的地步了？"西边的和尚听了，笑着对东边的和尚说："你随我过来，我带你看个东西。"

接着，西边的和尚带着远道而来的东边的和尚走到了寺庙的后院，指着地上的一口井说道："你看地上的这口井，五年来，我每天都会在功课之余来挖这口井。尽管有时候真的很忙，但是我还是告诉自己一定要坚持挖下去。终于，我挖好了这口井，得到了下边的井水，再也不必走很远的路去山下挑水了。这样一来，我节省出很多的时间，可以自由自在地在院子里打太极拳了。"

人生路上，要想取得成功，努力当然很重要，但是选择却比努力更加重要，因为不同的选择会给自己带来不同的机遇。善于选择也是一种智慧，这种智慧会让人更加接近成功。

一个人认真、努力地为当下而生活，是一件好事。但是如果只知道追求当下的物质或感观的享受，那么就和那个不懂得挖井的人一样，就算是一把年纪还是得继续每日挑水才能度日。

给不满情绪挖个洞

从前，有个理发师专门给国王理发，结果理发师发现国王头上长着三只耳朵。国王威胁理发师不准把这秘密说出去，若说了，理发师全家的人头就会落地。知道这个天大秘密的理发师被憋得寝食不安，几乎不能正常地生活了。

在无计可施的情况下，一天，理发师跑到一座山顶，挖了很深很深的一个洞，然后，拼命地对着洞大喊了三声："我知道国王长了三只耳朵啊。"喊完后，理发师一身轻松地回家去了。

当我们有不满情绪的时候，不妨学习故事里的理发师，给自己挖个洞，让心灵的水悄悄泄洪。

我们的生命矛盾重重，就是因为我们将绝大多数的精力都放在了不满上。我们不满现状，不满收入，不满别人对我们的态度，我们在乎得太多，所以也就失去了很多。

其实让生活顺畅，让生命自在，我们需要的仅仅是微笑、希望。学会微笑，保持希望，生命就顺畅多了。

微笑，不仅能给自己带来舒畅的心情，还能够将正能量传播给身边的人。一个简单的动作，却是自信和前进的力量。

希望，是人生中的灯塔，是黑暗中的明灯。保持希望，才能够穿越荆棘的丛林，在经历风雨之后，看见渴望已久的美丽的彩虹。

保持一颗平衡的心，莫偏执，莫失衡，才能在生活的独木桥上走得更远。

幸福在身边

有一个很善良的人，他生前一直尽自己最大的努力去帮助别人。在他死后，因为他一辈子热心助人，所以得以升到天堂，做了一个天使。这个人当了天使之后，还是像生前那样乐于助人。他经常回到凡间，帮助那些需要帮助的人，希望能让他们在人间得到属于自己的幸福。

有一天，天使在田埂上行走时，遇见一个愁容满面的农夫。天使看到农夫十分困扰的样子，就热心地问他："你有什么烦心的事吗？"

农夫回答："我家里仅有的那一头老水牛，得病死了。没有了水牛，我就不能犁田，那么我们全家人就没有生活来源了。"

农夫刚一说完，天使就赐给了他一头健壮的水牛。得到水牛的农夫既高兴又感激，牵着水牛欢快地回家了。看着农夫脸上的笑容，天使也感觉到了幸福的味道。

又过了一段时间，天使在街角遇见一个很沮丧的男人，便又上前询问：“我看你忧心忡忡的样子，是遇到什么困难了吗？”

男子向天使倾诉说：“我是一个商人，但是我的钱被别人骗光了。我很想回自己的家乡，但是身上穷得连盘缠都没有了。”

于是，天使拿出了钱财，让这个男子做路费。男子接过天使送的金钱，千恩万谢地回家了。天使看着男子兴高采烈的背影，又一次收获了幸福的味道。

这天，天使遇见一个很有名气的诗人。这位年轻的诗人，不但有才华，而且英俊多金。除此之外，年轻的诗人还有一位温柔贤惠的妻子。在外人看来，诗人的生活是令人羡慕的，但是他却过得很不快乐，终日里愁眉苦脸。

对于这一点，天使也很好奇，于是问他：“你的生活条件这么好，难道还不快乐吗？你有什么困难的地方，我可以帮到你吗？”

“我是拥有了很多别人没有的东西，但是还欠缺一样东西，没有它我就没有快乐，你能把它给我吗？”诗人问天使。

“当然可以，我是天使，不管你想要什么我都有办法给你。但是，不知道你要的是什么东西。”天使向诗人保证。

诗人认真地说：“我欠缺的那样东西，叫作幸福。”

诗人的回答，一时间难住了天使。天使仔细想了片刻之后，对诗人说：“我有办法了，你一定会得到幸福的。”

当天使离开的时候，他将这位年轻的诗人所拥有的一切都带走了。他取走了诗人的才华，拿走了诗人全部的财产，同时还毁去了诗人英俊的外貌，夺走了诗人妻子的性命。

诗人在一无所有的环境中生活了一个月。一个月后，天使再次来到诗人的身边。天使看到诗人的时候，诗人已经饿得半死，正痛苦地躺在冰冷的地面上。天使扶起躺在地上的诗人，并将夺走的一切都还给了他。这样一来，诗人又拥有了才华、金钱、外貌和妻子。做完这一切后，天使又离开了。

又过了一个月的时间，天使再次拜访这位年轻的诗人。诗人搂着自己漂亮的妻子，高兴地接待了天使。他不停地向天使道谢，因为他终于得到了自己一直想要的幸福。

幸福，不是靠欲望的满足来达到的。幸福，就是一种简单的满足感：饥饿时的一碗饭，焦渴时的一杯水，寒冷时的一件衣服，燥热时的一阵清风……

幸福，不是靠索取更多的东西得来的，它就在我们触手可及的地方，就在我们已经拥有的事物当中。

快乐和痛苦都不是永恒的

一天深夜，月色朦胧，在一个海边山崖的洞穴里，一位云游的老和尚在盘腿打坐。就在他即将入定之时，忽然听到了几声悲切的哭泣。经过辨认，这哭泣的声音传自山崖下的海边，听声音应该是一位年轻的女子。

夜已经很深了，这位女子到底遇到了什么不幸的事呢？老和尚秉着慈悲之心，决定去海边问个究竟。

到了海边，果然像老和尚想的那样，月色之下，一位穿着白衣服的女孩子站在海边一块高高的岩石上。原来，这位女子是准备自杀。老和尚赶忙攀上岩石，准备将女子救下。谁料想，就在他即将抓住女子的时候，那女子纵身一跃跳到了冰冷的海水里。幸运的是，老和尚懂水性，经过一番努力，终于将这位轻生的女子救上了岸。但是，女子醒来之后，不但不感谢老和尚的救命之恩，反而责怪老和尚多管闲事。

面对女子的责怪，老和尚并不生气，而是和气地问：“姑娘，你年纪轻轻，为什么要结束自己的生命呢？”

女子悲戚地回答：“这个地方，本来是我美梦开始的地方，我现在也要选择将自己的梦在这里终结。”

接着，女子边哭边将发生在自己身上的事向老和尚诉说了一遍。原来，三年前，女子在这里游玩的时候，碰到了一位也到这里旅游的小伙子。在这美丽的风景下，二人一见钟情。没过多久，两个坠入爱河的年轻人就结婚了。一年之后，他们有了自己的爱情结晶——一个可爱的儿子。但是，孩子刚刚学会走路，那个曾经许诺给女子终生幸福的年轻人，却在一场突如其来的车祸中丧生了。

丈夫去世之后，女子每天都不停地哭泣，无论怎样都抵挡不住内心的伤痛。但是，她的不幸并没有因为她的哭泣而结束，就在上个月，他们那个活泼可爱的儿子，也因为突发的疾病而死去了。

女子悲戚地坐在海边，哽咽地说："现在的我，失去了疼爱自己的丈夫，没了支撑自己的儿子，还有什么幸福可言？没有了他们，我活在这个世界上，还有什么意义？倒不如死去好，死了说不定就能一家人团聚了。"

老和尚听了女子的经历，不但没有去讲一些人生的大道理安慰她，反而自顾自地大笑起来。

突然的笑声，让女子忘了哭泣，她看着老和尚，一时愣了。老和尚终于停止了大笑，他问女子："时光追溯到三年之前，就在现在的这个地方，你有那个疼爱你的丈夫吗？"

女子不解地摇摇头。

“那么，在你三年前来这里的时候，你有那个活泼可爱的儿子吗？”老和尚又问。

女子仍旧不解地再次摇摇头。

“既然都没有，那你现在不是跟三年前的自己一模一样了吗？当年，你一个人来到这里，难道不是为了欣赏风景，而是为了自杀吗？”老和尚继续问。

这一问，让女子又愣了一下。

接着，老和尚对女子说：“三年前的你，没有丈夫，更没有儿子，独自一人在这里。现在的你，还是没有丈夫，也没有儿子，独自一人在这里。今天的你，只不过是三年前的那个你的延续。生命，兜兜转转还原了一个你自己。那么，为什么你不能够给自己一个新的开始呢？三年的时间，让你多了人生的阅历。或许，在不远的将来，会有更加美好和幸福的生活在等着你。”

“我还可以拥有那样的生活吗？”女子不确定地问。

老和尚毫不犹豫地回答：“你当然可以拥有！”

“原来，我还可以获得幸福……”女子心中豁然开朗。

有些事情要看缘分。当缘分尽了，就放开自己紧抓的手，该过去的就让它过去，何必念念不忘地挂在心上？将一些美好的回忆留在心底，将痛苦的一切化为云烟让它消散，展望一下未来，你就会看见更加美丽的风景在期待你的光临。

百发百中的秘密

小李散步的时候经过河边，看到有很多人在那里钓鱼。出于好奇，他走到一位老人那里观看。在老人旁边放着的桶里，满满的全是钓出来的鱼。

小李安静地站在老人的旁边，看他面无表情地面对着河面。没多时，一条鱼就上钩了，老人平静地从水中拉出鱼线，将上边的鱼摘下，放到旁边的那个桶里。接着，他又弄好了鱼线，将它抛到水里。老人这一系列的动作很娴熟，就像是工厂里流水线上的工人一样。他似乎从不担心钓不上来鱼，每一次抛下，都好像知道鱼要上钩似的。

小李站了没多大一会儿，老人就已经又收获了好几条鱼了。在距离老人十几米远的地方，还有几个人在钓鱼。每当老人从水中钓出来一条鱼的时候，那几个人就会抱怨自己还是一无所获。

半个小时过去了，情况依然如此。小李心里很不明白，明明就只相差十几米远，为什么那几个人一条也没有钓上来，而老人家却已经又钓了这么多了呢？这种现象真是太奇怪了！为了一探究竟，小李决定走近作一下对比。

经过一番观察，小李终于找到了原因所在。原来，那几个一无所获的人，是在用甩锚钩儿的办法钓鱼（用一套带着坠儿的鱼钩，沉到水里边，接着猛地将它拉起来，希望可以幸运地钓到经过的一条鱼）。而老人家却是在自己的鱼钩上放一点诱饵，然后将它沉到水里。接着，等到线向水里沉下去的时候，再猛然拉起鱼竿，自然就能够钓上来一条鱼了。而那几个人，虽然不断地甩下、拉起自己的鱼竿，但自始至终一无所获。

其实，成功没有什么秘密可言，也不一定非得有超人的智慧才可以得到。成功，是需要我们付出的，而不是寄希望于侥幸。

对于每一个希望钓得鱼的垂钓者来说，如果没有一定的付出，如果不采取正确的行动，那么即便投入再多的时间，也得不到自己想要的结果，只能“徒留羡鱼情”。而对于水中的鱼来说，在被欲望引诱的那一刻，就是即将脱离水面的时候。得失和成败，在于对欲望的态度。

第六章

远离诱惑，追随爱

◎ 你只能邀请一位进门
◎ 专偷皇宫宝物的神偷
◎ 不给借口留空隙
◎ 善“偷”者大富
◎ 把舍不得的东西送人

有一位财大气粗的老板，经营一家财源广进的公司。这个人开着一辆豪华的车子，即便开车的途中碾扁了别人家的小鸡，他也不会为此减慢自己的车速。这个人还养了一条狼狗，他总是让他的狗自由地散步，丝毫不在乎邻家小孩的胆怯。他修房子的时候，将所需要的建材全部堆放在邻居家的门口，即便挡了人家的道路，他也不在乎。这样的一个人，自然是没有什么人缘。

没有谁的人生是一帆风顺的，后来，这个人的公司因为经营不善停业了。为了偿还债务，他的豪车卖给了别人。没有了豪车，他也只能和大家一样步行，乘坐公共交通工具。慢慢地，他的脸上有了笑容，傲慢的神情不在了。同时，他的那条狼狗也拴了起来，不会再对孩子们露出白牙。遇见邻居家的孩子，这个人甚至会摸一摸他们的小脑袋。但是，他还是像以前一样，没有什么人缘。

一天，这个人很不解地问自己的一个邻居，为什么自己不管怎样都不能拥有好人缘。邻居对他说："一个人，在自己失意的时候得罪了人，可以在自己得意的时候去弥补；但是，一个人在自己得意的时候得罪了人，要想在失意的时候弥补，是不可能做到的。"

这一句话，让这个人顿时了解了问题的本源。于是，他不再刻意去改善自己与他人的关系，而是让自己的公司重新开始营业。慢慢地，在他的努力之下，他的公司走上了正轨，并且生意兴隆。

公司的生意好了，这个人的生活也得到了极大的改善。有钱了之后，他又有汽车可以坐了，只不过不再像以前那样快速行驶，也不会再按起响亮的车喇叭。他又穿起了名牌的衣服，但是却不再高昂着自己的头，而是将自己的下巴紧紧收起。他变得和善，微笑着和周围的邻居打招呼，温柔地摸一摸玩耍的孩子的头顶。后来，因为工作的原因，这个人搬离了这个小区。在他离开的那一天，他的那些邻居依依不舍地将他送上车子，并且真诚地对他说："再见！"

在这个世界上，只有爱才能让成功和财富追随。

你只能邀请一位进门

早晨，一位妇人走出家门，看见门口坐着三位白发苍苍的老人，他们都长着长长的胡须，紧紧地挨在一起。妇人好奇地仔细观看了一下，但是她并不认识他们。

冬天，外边很冷，于是妇人好心地说：“三位老人家，这么冷的天，你们一定又冷又饿吧，请进来吃点东西，暖和一下吧。”

老人们随即问道：“请问你们家里的男主人在吗？”

“他一大早就出门了，还没回来。”妇人回答。

老人们听了摇摇头说：“既然这样，我们就不能进去。”

傍晚的时候，男主人回家了，妇人将早晨的事告诉了他。

“你是说门口的那三位老人吗？他们一定是有什么事要找我。既然我回来了，你就赶快邀请他们进来吧。”男主人说。

妇人赶忙走到门外，邀请三位老人进家。

谁料，老人们却说：“我们三个人是不可以一同进入一个房屋里的，你只能邀请一个人进去。”

“这是为什么？”妇人不解。

其中的一位老人指着旁边的一位老人说：“他叫成功。”又指着另一个人说：“他的名字叫财富。”最后介绍自己说：“我是爱。”

“这样吧，你进屋去跟男主人商量一下，看看让我们哪一个进去。”老人接着建议说。

妇人无奈，只好回去跟丈夫讨论。

男人一听非常高兴：“你去邀请财富进来吧！”

妇人却不同意丈夫的选择：“我们为什么不请成功呢？”

“算了，我们邀请爱吧，也许让爱进来才是最好的选择。”丈夫想了想，建议说。

妇人也觉得这个选择比较好，于是又到门外，对三位老者说：

“请叫爱的那位老人跟我进去吧。”

这时候，有趣的事情发生了。当爱起身向屋子里走去的时候，成功和财富也跟着他一起走进去了。

妇人不由得惊讶：“你们不是不能同时进入一间屋子吗？我只邀请了爱，为什么你们一起走进来了呢？”

这时，一位老者笑着解释说：“如果你选择的是除了爱之外的另两位，那么其余的两个人都不会跟着进去。但是，如果你邀请了爱的话，财富和成功就都会跟随。你要知道，哪里有爱，哪里就会有成功和财富。”

因为有爱，人类才能够长久地存在；因为有爱，人们才会获得幸福；因为有爱，生活才会生发美好和财富。爱，是人生多姿多彩的源泉。

有了爱，我们才不惧怕生命的冬天，因为爱让人生有了春天。

专偷皇宫宝物的神偷

传说，在乾隆年间，有一个惊动京城的小偷，这个小偷专门偷皇宫里的宝物。尽管整个紫禁城戒备森严，他还是能轻而易举地做到来无影去无踪。虽然皇宫里的一些宝贝被他偷走了，但是皇宫内宝物太多，琐事繁杂，所以这名小偷并没有惊动皇帝。

但是，这个大胆的小偷，有一天居然把乾隆皇帝放在御书房的玉玺偷走了。镇国玉玺被盗，乾隆皇帝勃然大怒，立即下令全面搜索整个京城。整整三天，没有人能找到小偷和玉玺的踪迹。令人惊奇的是，三天之后，玉玺居然又神不知鬼不觉地被放在了御书房的书桌上。正当众人惊叹于小偷的行踪时，乾隆皇帝却慌了，他心想："这深宫内院戒备森严，小偷竟然还能来去自如不被人知。这次玉玺被盗暂且不再提了，以后他要是想取我的性命，岂不也是轻而易举？"皇帝越想越觉得恐惧，于是马上召集各位大臣商量对策。

面对这样的神偷，众位大臣实在不知道该如何应对，于是面面相觑，保持沉默。这时，和珅向乾隆说道："皇上，微臣心中有一计，一定可以捉拿此偷。”

乾隆听了大喜:“爱卿快说!”

和珅躬身答道:“这需要从三个方面下手。第一,让三千御林军严守紫禁城,一定要不漏分毫缝隙;第二,宫内一定要做好防盗措施,同时防止里应外合;第三,严查出入京城的人员,一定不能让赃物出城。这样的话,这个恶贼一定会落网的。”

“不错,就按照爱卿的话,马上布置!”乾隆吩咐。

半年过去了,神偷并没有被抓获,而且还有更加猖獗的迹象。皇宫里的宝贝仍旧不断失窃,同时因为出入城门不便,百姓们也都怨声载道。在这样的情况之下,乾隆再次召集大臣们商讨。

大臣们还是像上次一样默不作声,就连和珅也保持沉默了。最终,皇帝沉不住气了,问道:“刘爱卿,平日里你智谋很多,你倒是出个对策啊!”

听到皇帝点名提问,刘墉才缓缓地走上前躬身答道:“依臣之拙见,也可以从三个方面下手。首先,撤掉之前加派的三千御林军;其次,将各处的机关大锁也撤掉;最后,将放有宝物的箱子全部打开。微臣保证,这样一来,一定能将那贼捉住。”

乾隆疑惑了："刘爱卿一向聪明有谋，今天怎么也犯起糊涂来了？这样不是正好给贼人提供了方便吗？"

"皇上权且一试，就知道微臣说的是不是胡话了。"刘墉笑答。

看着刘墉肯定的神情，乾隆皇帝立即下令照办。果然如刘墉所料，第十天的时候，神偷就被大内的侍卫捉到了。

经过审问得知，这位神偷已经有三十年的偷窃历史了，几乎从来没有失手过。多年的成功经验告诉他，在偷盗的时候，一定要机敏地避开守卫，开锁、进门、拿宝物，一定要一气呵成，然后迅速离开。只要这些步骤能够做到准确无误，守卫再怎么森严，也一定能够成功。

但是这次，小偷进入皇宫之后，竟然没有见到任何守卫，门也没有锁，甚至那些装着宝贝的箱子都已经打开了。看到这些情况，小偷竟然开始慌乱了，慌乱的同时还夹杂着深深的疑问与恐惧。盯着箱子里的宝物，小偷犹豫了，就在这时，守卫们一举将小偷抓获。直到被押往牢狱，小偷还喃喃自语着："事情怎么会这样？怎么会这样？"

小偷的失败，在于他太依赖于自己成功的经验，太执着于三十年来自己所养成的习惯。这样的依赖与执着，使他在面对改变时，不知道如何随机应变。其实，真正将小偷关进牢笼的，不是那些武功高强的大内守卫，而是他积累了三十年的经验与习惯。

生活中，跟这个小偷一样的人，不在少数。

在这个飞速发展的时代，只有以灵活的头脑，突破过去的模式，实时掌握新的环境，勇于面对新的挑战，才能够不断地超越自我，在日益激烈的竞争中取胜。

不给借口留空隙

周老板在小城中新开了一家酒店，聘请了张厨师掌管后厨。小城中的人知道，张厨师无论是厨艺还是人品都是一流的，很多人想和张厨师结交，很多饭店的老板想要挖他。周老板聘请他的时候说：“虽然酒店是我开的，但是在后厨你就是老板，我相信你的手艺，更相信你的人品。”

张厨师没有想到，一个刚刚开业的酒店老板竟然会这么信任自己，于是更加尽心竭力，拿出自己所有的本事，仔细对待每一道菜。在这样的经营之下，酒店的回头客越来越多，生意越来越兴隆。酒店在小城打出了品牌，站住了脚，周老板自然心情格外好。

酒店里，有很多从餐桌上撤下来的菜品。有些菜甚至没有动过筷子，但是无论多新鲜，周老板都要亲自监督把它们倒进泔水桶。一次，一位新来酒店的小姑娘将一盘新鲜的菜放到了厨房的砧板上，被看到的周老板骂得狗血淋头。在酒店的这段时间，张厨师已经了解到周老板的严厉和认真，也感觉到了他对厨师的尊重。

周老板常挂在嘴边的一句话就是："客人来这里消费，我们就要对他们负责。"

酒店每天到凌晨1点多才下班，周老板总是等到最后离开。张厨师被周老板的敬业精神感染了，于是他每天也和老板一起离开。每次回家的时候，张厨师都会拿起一个塑料袋，把几份剩菜装好，挂在自行车上准备回家。但是，每一次周老板都会笑着把塑料袋取下来，然后挂上另外一袋菜。将近两个月过去了，天天如此。

一天晚上，张厨师忍不住问道："周老板，你怎么都没问过我为什么带这些菜呢？"

周老板笑着回答："你自然有你的用处，我何必多问呢？"

"我家里养了几条大狗，我拿的这些剩菜，是给它们吃的。"张厨师主动解释。

“你也许不知道，我每天给你换的那个袋子里，都是重新炒好的菜。”周老板对张厨师说。

听老板这么说，张厨师顿时愣住了，他实在不理解老板为什么这么做。

看着张厨师疑惑的神情，周老板解释说：“我是想留住你，我中意你的人品和手艺。想要留住人，最好的办法也是最有效的办法，就是容忍他的一切。我给你养的那些狗炒几个菜，花费不了多少成本。但是，如果我们养成了那种把剩菜重新利用的习惯，要想再改，浪费的成本可就不只是这些了。”

凌晨的街头一片安静，两个人并排地走在街道上。周老板接着说：“我曾经当过司机，那时候总是费尽心思将路上省下来的油卖掉，无非是为了多挣一点儿外快；后来，我又经营了一家服装店，做衣服的时候总是将碎布拼接成袖口，无非是为了节省成本。但是，我却总是与成功擦肩而过。我思考了很久，不是因为我不尽心，也不是因为我不勤恳，而是因为我过于贪图蝇头小利，这样，我错失了很多成功的机遇。”

张厨师没想到自己的老板会说这些话，但是还是问道：“您这样做也太苛刻了吧？那些菜反正倒掉也是倒掉，拿回去喂狗也不算浪费，您何必再炒新的呢？”

“曾经的我，也会这样安慰自己。但是，现在不一样了，我一定要坚持‘剩菜就要按照剩菜处理’这一条。我炒了新的菜喂你的狗，不单是为了满足你的要求，更是为了考验我自己的意志。无论如何，我不能留一丝空隙给那些借口！”周老板坚定地说。

生活中，我们常常给自己找借口。失败了，找借口；不成功，找借口。正因为这样，才会屡战屡败。当我们学会不给借口留空隙时，我们才会有成功的机遇。

善“偷”者大富

在春秋战国时期，齐国有个姓国的人，十分富有，他的财产就连当时的国君都非常羡慕，真正算得上是富可敌国。更难能可贵的是，这个人不但有钱，而且还深受齐国百姓的爱戴，不像其他的有钱人一样会被人诟病。

姓国的齐国富翁的故事传到了楚国，楚国有一个很穷的人姓向，他得知这个故事之后，下定决心要向齐国姓国的讨教致富的方法，好让自己摆脱穷困，再也不用生活在这种有今天没明天、朝不保夕的日子里。

到了齐国之后，姓向的拜见了姓国的，姓国的非常好客，而且是知无不言。他对姓向的说：“我发家致富的原因很简单，就是我善于‘偷’。这一个‘偷’字，让我在一年的时间内得到了温饱；两年的时间我已经相当富裕；三年之后，我就成了齐国的首富了，不但有良田百亩，还有自己的商铺。我富足了以后，就尽量地去帮助邻居，也便得到了百姓的爱戴。”

姓向的听到这里，就着急地起身告辞，他以为姓国的说的“偷”是偷盗的意思，所以就在心底说：“这有什么难的？不就是偷嘛。”

他回到楚国以后,就开始了偷盗的生涯。他每天晚上都会翻人家的院墙,凿开人家的房间。不管是什么东西,只要自己看上的,能够拿得动的,他就都拿走归自己所有。频繁的犯罪活动引起了楚国的恐慌,楚国国君派了许多士兵追查偷盗者。而这个人还不知道收敛,继续偷盗。

终于,在一次偷盗中,他被人逮个正着,而且还在他的住处查出了大家以前丢失的东西。他不但被责令退还全部的赃物,而且以前积累的所有家产也被没收了。

姓向的这下又什么也没有了,而且比以前过得更惨。恢复自由之后,他怒气冲冲地到了齐国,找到姓国的后,就责备他:“你去偷,偷成了国家首富,为什么我去偷就犯法了呢?你为什么要这样骗我呢?”

姓国的听了之后,不明所以地说:“你把你‘偷’的过程告诉我吧。”

姓向的说:“我就是翻墙、打洞,看到东西就拿了。”

姓国的听了姓向的所说的“偷”,简直是又好气又好笑。他说:“我上次还没有说完你就着急走了。我说的‘偷’和你的‘偷’截然不同。你太糊涂了,根本就没有明白我说的‘善于偷盗’是什么意思。”

姓国的继续说:“现在,你仔细听我说‘偷’的意思。人们靠天吃饭,靠地生存,但是天有四季的变化,地有区域的不同,我首先‘偷’的就是天时和地利。山林广阔,长有佳木禽兽;湖泽丰润,能养鱼虾龟鳖。这些东西都是属于大自然的,但是我利用它们,获得财富。这是我通过自己的辛勤劳动向自然索取的，自然不会给自己招惹灾祸。可是，你获得的那些金银珠宝、粮食布匹，却是用不正当的手段夺取的别人的劳动成果。用这种手段占有他人的财富，当然就是犯法的。你最后得到这样的惩罚，又怎么能怪我呢？”

投机取巧，永远得不到真正的成功。一个聪明的人，懂得借助天时地利，用自己勤劳的双手创造属于自己的财富；一个愚昧的人，才会钻营取巧，用不正当的手段去攫取他人的成果。这种人，最后得到的必定会是沉痛的教训。

把舍不得的东西送人

在朋友圈子里，莎莉一直都觉得自己是一个慷慨的人，因为她总是喜欢送一些东西给别人。

莎莉的人缘很好，每逢过节、过生日都能收到很多的礼物。这个时候，她总是挑出自己最喜欢的，然后把剩下的那些随手送给别人。莎莉的亲戚和身边的朋友，很多人都收到并接受过莎莉送给他们的礼物。

一天，莎莉新买了衣服。打开衣柜的时候，她发现里面有几件自己买了以后没穿几次的衣服，甚至有的从没有穿过，于是她就想把这些衣服送给自己的表妹。收拾完要送出去的衣服，莎莉走到客厅，舒展了一下身子，对爸爸说："我经常这么送别人东西，他们一定会很感谢我。"爸爸却摇摇头说："我不这么认为。你这样只是表面慷慨，其实还是吝啬。"

莎莉不明白爸爸为什么会这么说，自己明明已经很大方了啊，怎么能说是吝啬呢？

不久之后发生的一件事，让莎莉得到了答案。

一天，莎莉的爸爸带她去拜访他的上司，他和这位上司曾经是很好的朋友。

上司虽然很热情地招待了他们，但是还是能看出言行中的骄矜。没过多久，爸爸便带着莎莉起身告辞。看到他们要走，这位上司对自己的妻子说：“你去把咱们家里的苹果拿来，让他们带点回去。”莎莉的爸爸虽然客气地谢绝，但是他们还是执意要送。

回到家，看着箱子里那些挤在一起的皱皱巴巴、瘦瘦小小的苹果，莎莉忍不住抱怨说：“这算什么苹果啊？就算扔在地上也不会有人去捡。”

爸爸接着莎莉的话说："你说得很对！你要记得自己说的这句话。当一个人把自己不喜欢和不需要的物品送给别人的时候，就会得到别人说的这句话。"

听爸爸这么一说，莎莉的脸顿时就红了起来。她突然想起来，自己以前送给别人的东西，也都是她不喜欢或者是不需要的。难道当别人打开她送的礼物时，不会有像她看到这些苹果一样的心理吗？

看到莎莉红了的脸，爸爸接着说："这些苹果我们也没有白收，起码它们告诉了我们两点道理：一是这些苹果是别人送的，如果是自己家买的，就不会放这么久，让它们变成现在这个样子；二是这些苹果是他们挑了之后剩下的，留着不想吃，扔了又觉得可惜，于是就算作人情送给我们。他们本来想得到我们的感激，但是却适得其反。"

"莎莉，你要记住，不要把别人当成傻子。他们也跟你一样，都知道东西的价值。对于送别人礼物来讲，要送就送自己觉得最好的那些东西，要么就不送。"爸爸继续说。

爸爸说的话，让莎莉懂得了很多的道理。从那以后，她再也不把自己不喜欢的那些东西随便地送给别人了。

每个人都想得到最好的，但是每个人又都想把最好的那一份留给自己。我们被"最好的"的欲望诱惑，却忘了"己所不欲，勿施于人"的道理。